改变世界的中国力量

开讲啦 VOICE

科学卷

中央电视台综合频道节目部　编著

中信出版集团 · 北京

图书在版编目（CIP）数据

改变世界的中国力量 / 中央电视台综合频道节目部编著. -- 北京：中信出版社，2017.4
ISBN 978-7-5086-7421-6

I. ①改… II. ①中… III. ①人生哲学 – 通俗读物
IV. ①B821-49

中国版本图书馆 CIP 数据核字（2017）第 063861 号

改变世界的中国力量

编　　著：中央电视台综合频道节目部
出版发行：中信出版集团股份有限公司
　　　　　（北京市朝阳区惠新东街甲 4 号富盛大厦 2 座　邮编　100029）
承 印 者：北京盛通印刷股份有限公司

开　　本：880mm × 1230mm　1/32　　印　　张：7.75　　字　　数：132 千字
版　　次：2017 年 4 月第 1 版　　印　　次：2017 年 4 月第 1 次印刷
广告经营许可证：京朝工商广字第 8087 号
书　　号：ISBN 978-7-5086-7421-6
定　　价：39.80 元

目录

序

一档节目和它的价值观

“中国核潜艇之父”黄旭华30年来隐姓埋名、无怨无悔，用自己的故事阐释了有信念、有梦想、有奋斗、有奉献的人生，才是有意义的人生；戚发轫、毛万标、范瑞祥、杨宏、李东、胡旭东，一代又一代坚持不懈的航天人披荆斩棘、勇往直前，告诉我们什么是“志当存高远”；而通过不懈努力、顽强拼搏最终站到了里约奥运会最高领奖台上的女排姑娘们，则为全国的青年人完美诠释了“道不可坐论，德不能空谈”，只有立足自身，于实处用力，才能迈稳步子、夯实根基、久久为功……《开讲啦》的独特之处恰恰在于由个体的“小我”到中国梦的“大我”，由个人奋斗的个体励志到家国情怀的中华民族励志。

从节目形态来说，《开讲啦》可称为“安静”——没有廉价的笑声和简单的感官愉悦。但“安静”的背后是并不安静的思想碰撞和心灵涤荡。曾经有一位青年代表在节目中说过:“哪有那么多岁月静好，只不过有人在为你负重前行罢了。”青年人通过节目中嘉宾的分享与交流，领悟到所谓“静好”正是无数人艰辛的努力与付出，“中国梦”是无数人为之奋斗的崇高理想。这种“润物细无声”的气质正是《开讲啦》的魅力所在。

习近平总书记强调，“实现中华民族伟大复兴的中国梦，需要一代又一代有志青年接续奋斗。广大青年要以国家富强、人民幸福为己任，胸怀理想、志存高远，积极投身中国特色社会主义伟大实践，并为之终生奋斗”。[①]开播五周年的《开讲啦》一直以习近平总书记系列重要讲话精神为根本遵循，一直坚持弘扬主旋律、传播正能量，保持主流媒体的品格和风范，讲责任、讲品味、讲格调，每一期都当作开篇之作去精心打磨、精细制作。我们坚信“种树者必培其根，种德者必养其心”，为此，我们将不懈努力!

中央电视台综合频道

---

① 出自习近平同志 2016 年 4 月 26 日在知识分子、劳动模范、青年代表座谈会上的讲话。——编者注

互联网改变了我们什么

中国工程院院士、中国互联网协会理事长，邬贺铨

精彩语句：

中国有一个很好的互联网的发展环境，你感到什么地方不满意，就是你创新的机会，痛点就是起点。

人物小传：

邬贺铨，中国工程院院士、光纤传送网与宽带信息网专家、中国互联网协会理事长。

他是中国最早一批接触互联网的专家之一，是李克强总理点名会见的 4 位中国互联网精英中唯一的院士，他被评为 2014 中国互联网年度人物。2014 年 3 月乌镇世界互联网大会上，他的 40 分钟主题演讲被马云称为“院士的单口相声”。

10 年前买一根光纤，按单位长度算，一根光纤多少钱？2000 元钱。现在按单位长度算，买一根光纤多少钱？一公里的光纤现在是 40 元钱。按单位长度算，光纤现在比面条便宜，你买一公里面条也不止 40 元钱！

互联网就是利用了众包群智的这种功能，利用了广大网民的潜力，当然这种思维并不局限于互联网，可以应用在各行各业。关键是，我们怎么去应用这种思维，利用互联网来发展。我们经常说有困难找警察，实际上我觉得后面应该加一句话：有困难找网络。

独立演讲

中国互联网发展之路

2015 年 CNNIC（中国互联网络信息中心）统计，我们中国的网民平均每周上网 25.6 小时，也就意味着每星期 7 天里头差不多有 1 天时间在上网，平均每天上网 3.7 个小时，我还是位于平均值之上的，算是每天上网比较多的。

我觉得网络改变了我们的生活和工作，现在有了网络，真的比过去好得多、快得多。我讲一个例子，“文革”

期间我们的单位被下放到四川眉山，有一次因为工作需要我和同事出差到上海。当时我们好几个人出差，好不容易买了卧铺票，但是分别在不同的车厢。有一个同事在车上等厕所等不及了，当车停在宝鸡站的时候，他就下去上厕所，原来估计火车要在那里停几分钟，结果火车晚点了，为了赶时间提前开了。我们那同事一边提着裤子一边跑，最后也没追上火车。然而我们并不知道他丢了，因为他所在的车厢的同事认为他到另一个车厢跟我们聊天了。到吃晚饭的时候也不见他，我们车厢的同事说，都是盒饭在哪里吃不一样？到睡觉的时候还找不到这就麻烦了。我们就跟列车员说，我们人丢了。他问在哪儿丢的，我们说不知道。我们好不容易到了上海，但是没有通信工具，下火车以后打电话回单位，说丢了一个人。我们领导说在哪儿丢的？我们说不知道。过了两个钟头，我们那个同事回来了，一只脚上有袜子，一只脚上没袜子，穿了双拖鞋。因为车站（工作人员）看到他没赶上火车，下一辆车是从乌鲁木齐到上海的，就让他上去了，但是他衣服都在我们车上，所以他冻了一个晚上回到上海，如果当时有通信工具，那就很容易联系上。

中国是在1994年4月20日接入国际互联网的，那个时候实际上是中关村、北大、清华和中科院这几家的互联的网络里头，用了一根64K的专线连到美国一个电信运营商Sprint，就是64K而已。1995年1月，邮电部电信总局开放了公众的互联网，但是当时只有北京、上海各一条64K的专线，也是连到美国Sprint的网络。但从那个时候起，应该说互联网正式进入了中国。我了解互联网在这之前。

（20世纪）80年代初，我到日内瓦参加国际电信联盟的会议。这是一个制定通信网标准的会议，这些标准可能跟国家利益有关，因此单纯靠与会代表在那里决策是不够的，需要请示国内。会场提供了免费的长途电话，我们中国去的代表基本上都是利用这种免费的公用电话，把会场的情况、会场讨论的情况，跟国内的主管部门汇报。但是我看到了美国的代表，他用会场提供的计算机和网络抄些东西，并且把会议的一些文档作为附件传回去了，美国人说这叫E-mail（电子邮件）。当时我是第一次听说，后来过几年开会我们发现，那些老外干脆把笔记本电脑带到会场，直接在那里跟他们本国联系。加拿大代表团有一个邮电部派去的代表，他是个华人，跟我们也很熟，他就问我："你们中国有这样的东西吗？"我说："没有。"他说："为什么你们没有呢？"我当时也回答不出来。

幸好，1994年4月20日，中国接入互联网。到现在，无论在单位还是在家里，我们都可以使用无线局域网上网，当然出去还是光纤。中国的光纤光缆企业生产了全世界一半的光纤光缆，当然，中国的宽带网络的发展，使中国的光纤光缆市场消耗了全世界一半的光纤光缆。10年前买一根光纤，按单位长度算，一根光纤多少钱？2000元钱。现在按单位长度算，买一根光纤多少钱？一公里的光纤现在是40元钱。按单位长度算，光纤现在比面条便宜，你买一公里面条也不止40元钱！所以现在光纤到家、到户，发展很快。

当然了，未来的互联网绝对不是现在我们想象得这么简单，移动互联网的发展还会更快。互联网的发展是一个接力的过程，后面还需要更多的人，更多的年轻人投入互联网。我也接触过一些年轻人，他们抱怨生不逢时，他们说要是我生长在马云、马化腾、李彦宏的时代多好。现在大树底下不长草，我要办个互联网公司，动不动就被灭掉了，或者被收购了。确实是这样，互联网的成功是不可能靠复制的，你必须要有你的创新。中国的互联网发展比美国晚了25年，可是现在全球的互联网大企业里头，美国有，中国有，欧洲没有，日本没有，韩国没有，这就说明中国的环境还是很适合互联网企业发展的。

马云曾经到一个企业应聘，想当销售员，但是这个企业说，你长得这么瘦、这么矮，这个样子还能当售货员吗？我想这个可能对他后来要搞电子商务产生了很大的动力。但一开始马云到北京找发改委，发改委觉得，这是什么企业？太小，不理他。到上海，结果（上海）财政厅和税务局说，这玩意儿偷税漏税。他在上海也没办成。他到了杭州，杭州觉得这是新事物，于是让他试。所以我觉得，有了一种非常宽松的环境才有了互联网的发展。

互联网时代，痛点就是起点

像互联网金融一样，中国的金融市场本身就不景气，银行利息低，给中小企业贷款很难，另外老百姓又有存钱的习惯，所以互联网金融出来以后，你再想扼杀它就不容易了。所以说，中国有一个很好的互联网的发展环境，你感到什么地方不满意，就是你创新的机会，痛点就是起点。

当初为什么有互联网？就是美国人担心“冷战”了，原子弹炸了他的网络，所以他提出这个命题。大家都知道YouTube（视频网站），YouTube的创始人实际上是参加了他的朋友组织的一个搞笑晚会，拍了很多视频，他想在网上把视频给其他朋友分享，但是视

频的容量很大传起来很慢，他就思考能不能开发一种方式，让这个视频能够更好地分享。我不一定要把视频传过去，让人家来点击就行，YouTube就这样产生了。

我觉得所有促使互联网发展的，都不是你事先想的，而是看到了它的问题。搜索引擎之所以发展这么快，是因为网络信息爆炸，你要找它，就必须有搜索引擎。为什么后来微博出现了，因为人们生活节奏太快了，它是可以上传140个字的，这也适应了碎片化的需要。所以我认为大家现在上网，如果感到互联网上还有不如意的地方，这些就是可以创新的地方。如果你盲目地跟着别人成功的项目去做，那你肯定没有什么很好的前景。我觉得有大把的问题等着我们去解决。

现在我们正常人用手机是没问题的，可是我们需要什么？还需要进一步发展。比如说我是老花眼，要靠近看短信，那么现在手机上就能自动把字变大，重新编排而且不跑出屏幕。还有盲人，他上不了网，他平时阅读的是凹凸不平的书，那我们要把计算机屏幕做成凹凸不平的吗？不可能。那现在怎么办？可以有个指环，这上面有摄像头，盲人戴着指环，对着书上面，摄像头把字录下来，上传到云端搜索，然后给他翻译出来，讲给他听，那他就可以看见了。苹果开发的手机是什么样？触摸翻屏，大家觉得不错吧？现在有公司觉得，我不能跟着苹果走，我不能侵犯它的专利。我隔空翻屏，不摸。为什么？这里有摄像头。还有人说干吗动作这么大，干脆我眨一下左眼（手机）翻左页，眨一下右眼翻右页，点一下下巴双击。

人机结构可以有很大变化。前不久微软收购了诺基亚，微软要做手机吗？它凭什么跟苹果竞争，跟谷歌竞争？微软说我有语音翻译技术，利用云端翻译，假如你讲中文，你的朋友是英国人，你摁一下语言键，你讲中文他听英文，他讲英文你听中文，26 种语言随便选，学外语就没太大用处了。

可穿戴终端人工智能实际上把人的感知延伸了，把人的认知能力提升了。未来的互联网怎么样？现在是没法想象的。想想 10 年前，你们能想到现在互联网的样子吗？你想不到的。所以未来怎么样？不知道。互联网行业有句名言叫“我们不预测未来，我们创造未来”。

现在都提互联网思维、互联网理念，互联网本身就是一个创新平台，实际上你只要有好的创新思维，互联网什么都可以帮你实现。曾经有公司想开发一个软件，干什么呢？以前有一段时间，我们南方有H7N9（禽流感），手机可以测试H7N9病毒，拿舌头舔一下，看一看有没有H7N9病毒。现在有人说，手机上要能测雾霾，这些都是有可能实现的，关键是你能不能做得成本低。所以说，互联网有个很好的开放架构，你可以在上面不断地生长，不断地增加很多东西，而且它不拒绝全世界任何人，互联网是老少皆宜的，手机基本上是没门槛的。

我们手机上这个操作系统，有100万行的软件，而当年阿波罗登月飞行器才有4000行软件。我们的手机现在比它复杂得多，但是很便宜，现在大家都会用，包容性非常好。雷军说他每周要更新版本。意思是什么？我的手机不是完成品，很多网民说你完善不了我帮你完善，要显示自己的能力，所以雷军说“我有100万个不拿工资的开发者”。

美国《纽约时报》有130年的历史了，它现在要把报纸数字化，近期的报纸没问题，老报纸都发黄了，拿计算机扫描的这个字印不出来怎么办？大家现在上网经常遇到网站跳出几个验证码，扭来扭去、歪七歪八的字。当然了，美国还没有像我们的12306（铁路客户服务中心）那么复杂。《纽约时报》就把它的报纸上的词拿照相机拍下来，贴在验证码的后边，当你验证的时候，你以为后边那个也要验，你一并验了。所以《纽约时报》130年，存档的数字化报纸的工作在几个月时间内由网民不知不觉地帮它完成了。

美国有个医生，拍了很多大脑的CT扫描图，他要看脑袋长不长瘤子，当然这个病灶是很难看出来的，他一天看上百张图，很麻烦。他灵机一动把它贴到网上，他说帮我看出这里边有几张跟其他大多数不一样的网民有奖。这些网民一点儿医学知识都没有，但为了显示自己能干，不睡觉、不吃饭给他找出有几张跟其他不一样。互联网就是利用了众包群智的这种功能，利用了广大网民的潜力，当然这种思维并不局限于互联网，可以应用在各行各业。关键是，我们怎么去应用这种思维，利用互联网来发展。我们经常说有困难找警察，实际上我觉得后面应该加一句话：有困难找网络。

回顾中国互联网的发展，我有几个想法，互联网之路永远是挑战与机会共存，风光与风险同在；未知多于已知，永远都有故事；颠覆不是新闻，一切皆有可能；成功不靠复制，唯有创新永恒；英雄不问出处，希望寄托草根；大智移云之峰，网络强国圆梦。

小撒记录

2014年3月乌镇世界互联网大会上，当时李克强总理点名说要见4个互联网的精英，他就是其中唯一的院士。9分钟的见面时间里，他给总理出了4道题，他在现场的演讲更被马云称为“院士的单口相声”。有人说如果缺少他的话，中国人如此大规模的上网可能真的要往后推迟很久。然而有很多年轻人就问，他是中国最早一批知道互联网的人，但为什么他没成为马云？邬院士说，那是因为在互联网的发展之中，有些人是铺路的，有些人是架桥的，而有些人是开车的，有些人是运货的，各方面的人都有。马云是互联网这个领域里头的佼佼者，但是他并不是互联网的奠基者。邬老和他的同事们做的正是铺路架桥的工作，也正是因为有了他和更多先驱的努力，才产生了马云、马化腾、李彦宏这些互联网的企业家。

对于互联网的普及带来的问题，一直有人在探讨，有人说对网络的沉迷导致亲人之间的关系淡漠，甚至有人上网成瘾，以致玩物丧志、荒废学业，但邬院士的说法让人耳目一新：网络肯定代替不了亲情，但它会给一个人更多的心理空间，比如父母也可以在微信上对你卖萌，但在实际生活中这会让人感觉怪怪的。至于玩物丧志，那就是人变成互联网的奴隶了。邬老在演讲中一直强调互联网是一个虚拟世界，它能帮我们解决很多问题，但是它不是全世界，不能把自己完全扔到一个虚拟世界里无法自拔。我们要记得，互联网说到底只是个工具，是为我们服务的工具，我们是它的主人，不是它的奴隶。

探索的动机

中国科学院院士、物理学家，潘建伟

精彩语句：

从哲学上讲，量子力学是一种非常积极的概念。它说我们个人的奋斗，对这个世界是有影响的。量子力学不仅可以帮助我们了解宇宙的历史，也可以推动一个新的学科的形成与发展。

人物小传：

潘建伟，中科院院士，物理学家，中科院量子科学实验卫星先导专项首席科学家，被誉为中国最接近诺贝尔物理奖的年轻科学家。

2016 年 1 月 8 日，备受瞩目的国家自然科学奖一等奖颁给了多光子纠缠及干涉度量项目，奖项的得主正是潘建伟和他所带领的团队。

在 2009 年中华人民共和国成立 60 周年阅兵、2015 年纪念抗战胜利 70 周年阅兵等关键时刻，潘建伟和他的团队构建了量子通信热线，为重要信息的安全传送提供保障。

中国京沪量子干线即将完工并投入使用，首颗量子通信卫星也已发射成功，诞生 100 多年的量子力学已经从高深的理论应用到实际生活当中，而潘建伟早在 1997 年就在国际上首次实现量子态的传输，也正是他的探索促使量子更快地应用于通信领域。

牛顿力学告诉我们，比如我，今天在北京这个地方做演讲就不可能同时出现在上海。但在量子力学里面有个概念，说的是作为一个微观客体，当你没在看他是在上海和北京的时候，他可以同时在两个地方，处于一种叠加的状态。

还有一个非常重要的东西是需要我们进一步去珍视和加以保护的，那就是每个人都需要有心灵的自由和独立的思想。正因为我们从古到今保证了我们思想的独立性，我们才能够保证我们想法的千变万化。

独立演讲

对科学保持原始兴趣的初心

非常高兴能来到这里，给大家分享一些我的想法。其实来这里之前，我是很犹豫的，刚才在外面站着的时候，正好听到小撒讲物理学是要被淘汰掉的一个科目，就是说已经不行了。那我觉得我还真的来对了，我今天就想给大家分享一下我的一些想法。

在欧洲留学的时候，有一次，我到阿尔卑斯山的一个山区里的大峡谷旅游。很少有外国人会到那个地方去

游历。我见到一个大概 80 多岁的满头白发的老太太坐在轮椅上。她见到我之后，说非常高兴看到一个外国人。她问我是干什么的，我说我是做量子物理的。然后她进一步问我，她说你做量子物理的哪一方面？我说我是在做量子信息，量子态隐形传输，用英文就叫作“像时空穿越里面”的这么一个东西。她说我读过你在《自然》杂志发表的那篇文章。当时我非常感动，我觉得一个 80 岁的老太太，对科学还保持着这样一种原始兴趣的初心。当然，我觉得她也许只是一个例外。

几年之后，当时我在海德堡大学，我的鼻子里面长了些东西，我想把这个息肉给割掉，就做了手术。做完手术，我醒过来之后非常痛苦。有个护士站在我的床前，她说，潘教授，你做的是不是跟时空穿越那个类似的东西啊？我说是啊。她说你能不能给我讲讲。

因为当时我鼻子里面插着两个管子，非常痛苦，我说现在我讲不了，将来我送给你点儿资料吧。

我想讲什么呢？我觉得一个乡村里的老太太可以对量子感兴趣，一个护士也可以对量子感兴趣。刚才我在外面的时候听主持人问有多少人在学物理，好像只有一个人举手，对吧？我觉得如果大家对科学缺乏原始的兴趣的话，我们就不可能变成一个真正的创新国家。

探索的动机

下面我想跟大家聊一聊所谓的探索的动机。作为科学家，有两个事情是特别关心的。第一，我们这个宇宙的规律是怎样的。科学家通过研究这个规律，希望能够知道我们是从哪里来，然后会到哪里去。也就是说，我们非常关心整个宇宙的生成和宇宙的命运。

好多年之前，我读过房龙的一本书，叫《圣经的故事》。当然，我得宣称一下我不是基督教徒。大家都在想这个宇宙肯定有一个起源，对吧？那么上帝当时说要有光，然后要有云，要有天，要有地，这个过程就是想来告诉我们一个创世纪的过程。所以我们人类在追求的过程当中，一直希望能够知道我们是怎么来的，我们的未来是怎样的。这是在寻找一种安全感。但是在过去，因为没有科学，我们只能靠我们自己的想象。这个事情经过几千年的慢慢积累

之后，到了 1687 年，就有了一个非常大的改变。

在 1687 年之前，偶然的一个机遇，伽利略把玻璃片做成了望远镜去看了太空，他看到了土星环等。那么也就是说，我们开始能够探索整个宇宙是怎么样的了。到 1687 年，牛顿在前人积累的知识的基础之上，发表了一部专著叫《自然哲学的数学原理》，这部书有一个非常令人满意的地方，就是说我们每天的进化、演化，都是可以通过微积分计算的。

这是什么意思呢？我们本来觉得上天是非常神圣的。牛顿非常高兴，你看这个苹果掉到地上，星星在天上转，我都是可以算出来的。这个时候你才知道，原来神圣的上天，星星的运行轨道，都是可以计算的。这在科学上的自豪感是无与伦比的。我们可以计算我们的未来。但是如果你进一步想的话，马上就会感到非常的失望：完了，我的命运是不是也是在宇宙诞生的时候就已经决定了呢？比如说我潘建伟成为物理学家，撒贝宁成为主持人，其实根本不是我们自己努力的结果。就像我们今天在这个地方开讲，也是在宇宙刚刚诞生的时候就注定了的。为什么呢？牛顿力学告诉我们，这都是可以计算的。所以很多物理学家、大科学家搞清楚问题之后，说我们这个世界是宿命的，奋斗是毫无意义的，于是他们就自杀了。真有这样的事情发生。当然，这个科学还是要进一步发展的，一直到20世纪初，有一个新的革命，就是量子力学诞生了。

量子力学非常有意思。它跟原来的牛顿力学和我们的经典力学完全不一样。牛顿力学告诉我们，比如我，今天在北京这个地方做演讲就不可能同时出现在上海。但在量子力学里面有个概念，说的是作为一个微观客体，当你没在看他是在上海和北京的时候，他可以同时在两个地方，处于一种叠加的状态。我们就把这样一种状态叫作量子叠加态。①

这就告诉我们，你睁开眼睛去看一下，你是对我们整个世界的

---

① 量子是物理学的概念，作为不再可分割的基本个体，量子用来形容微观世界的一种倾向，物质或粒子的能量都倾向于不连续的变化，即事物不是明确的非此即彼，而是此与彼的某种尚未确定的叠加态。举个例子，潘教授要从德国柏林飞到中国北京，飞机有两种飞行路线，一条是柏林—莫斯科—北京，另一条是柏林—新加坡—北京。如果潘教授在飞机上睡着了，那么他不知道飞机到底是从莫斯科中转还是在新加坡中转，这时，用量子力学看世界的潘教授会说“我现在同时在莫斯科和新加坡”，也就是量子的叠加态；而当潘教授睁开眼睛看的时候，他才知道到底是从莫斯科中转还是从新加坡中转，这也正是量子力学的积极哲学，“看到即改变”，当你把视线关注到量子的运动轨迹时，其状态就会随之发生。

演化有影响的。这也是说，从哲学上讲，量子力学是一种非常积极的概念。它说我们个人的奋斗，对这个世界是有影响的。量子力学不仅可以帮助我们了解宇宙的历史，也可以推动一个新的学科的形成与发展。目前我们在从事的一个比较具体的研究就叫作量子信息科学。利用所谓的量子叠加原理可以做量子通讯。量子通讯又可以改变我们的信息安全的问题。

其实量子力学还有一种所谓“量子纠缠”的概念。因为我刚才讲了一个粒子可以处于零加一，就是两个状态的叠加。两个粒子也可以处于一种非常奇怪的叠加的状态。如果说我今天来，假定我给撒贝宁一个纠缠粒子，放在他的手里面，然后我回到合肥去了，然后我让撒贝宁扔一扔他手中的粒子。它会随机得到零和一，这个结果里面的某一个都是随机的。但是我在合肥看我手中的粒子的状态，我就可以把他手中的结果猜出来。我们把这样一种现象叫作量子纠缠。或者用不太严格的说法，我们甚至可以把它叫作“遥远地点之间的心电感应”。利用这样一种东西，我们就可以来构造一种非常强大的量子计算机，可以让我们在大数据爆炸的时代，有效地通过量子计算，把有效的知识给提取出来。

从这个角度讲，我觉得科学不仅能给你带来心灵的自由和安宁，而且科学是非常有用的。今天，因为电动力学和量子力学的发展，我们整个世界已经变成一个地球村。人类的进化是跟我们信息的共享和我们的互动紧密地联系在一起的。同时，还有一个非常重要的东西是需要我们进一步去珍视和加以保护的，那就是每个人都需要有心灵的自由和独立的思想。正因为我们从古到今保证了我们思想的独立性，我们才能够保证我们想法的千变万化。

我为什么把今天的题目叫作“探索的动机”？其实是我照搬了爱因斯坦的题目。他说今天在科学的殿堂里面有三类人。第一类人，他只要有机会，也许会成为企业家，也许会成为政治家，也许会成为诗人；他无论是干哪一个行业都能够让自己得到荣耀，得到名利；他干什么都可以，他还是很有才华的。第二类人完全是兴趣驱动型的。他只是觉得好玩，他才不管他干的事对大家有没有好处，有没有什么坏处。第三类人是什么样的呢？他确实希望能够对这个宇宙进行探索，进行凝视，进行思索，能够找到这样一些先天和谐的规律。只有这一类人才能够很静心地去从事长久的科学研究。

爱因斯坦说，我们不能把前两类人给驱逐出去，因为这些人可能对科学做过很多贡献，也许是主要的贡献。把他们给驱逐出去的话，我们这个讲堂就倒塌了。但可以肯定的是，如果没有第三种人的话，我们这个殿堂就不会成为殿堂，也不会成为森林，而只能是一些蔓草。所以作为一个真正的科学家，必须是很有责任心的，他会用无穷的耐心，去理解这个宇宙是怎么样的。现在我们不能解释为什么我们会有爱，为什么我们会有爱情，但我想随着科学的发展，也许某一天我们能从方程里面找到非常好的解释。这就是探索的动机。

小撒记录

在节目开始之前，潘教授委托导演给我拿来一本书，并签上了他的名字，说希望我能够好好读一读这本书。我一看是《爱因斯坦文集》。我斗胆翻开了一下，我以为我的中文很好，这本书确实也是用中文写的，但是我依然完全看不懂……我带着这样的一个好奇心想看一看，在这个被誉为中国最接近诺贝尔物理奖的年轻的科学家眼中，我们这个世界究竟是什么样子的。听完潘教授的演讲，科学家的这种对话，是真正在人类智慧的层面上的，他触动的是人类的痛点和宇宙的痛点，科学家之间的对话，涉及从古至今人类的发展，为什么科学能一步一步积累到今天？是几代人的智慧。人类进化到今天，我们的知识一代一代积累到今天，我们所运用的一切，是站在巨人的肩膀上，了不起。我个人觉得，人类的发展进程特别像玩一个密室逃脱的游戏，当你醒来的时候，就是人类诞生的那一刹那，你被关在一个小屋子里，你不知道我们在干什么，周围一片漆黑。这个时候你要开始寻找线索，一个镜子、一个小盒子，都在指引着你一点一点探索。我相信总有一天，人类会找到那把钥匙，打开房门，从这间屋子里走出去，但是别以为这就结束了，因为屋子外面还有更广阔的天地。

细胞的命运

细胞生物学家，裴端卿

精彩语句：

人在刚出生的时候，可以说所有的细胞都是非常完美的。但是在人出生以后，出于各方面的原因，这些细胞会逐渐失去它的功能。其中一个原因就是衰老。

人物小传：

裴端卿，我国著名的干细胞领域专家，生命再生科学的领航者，中国科学院广州生物医药与健康研究院院长。

他曾是美国明尼苏达大学副教授，并获得终身教职，成为业内闻名的肿瘤学家，却在 37 岁时回到祖国，投入国内尚是一片空白的干细胞与再生医学基础研究领域。

他现在是全球率先利用人诱导多能干细胞获得成型器官的科学家，他的主要工作就是利用细胞技术与人类的衰老、疾病做斗争。

2013 年他与他的团队从尿液里找到“不老泉”，这一史无前例的发现让中国的科学家再次赢得了世界的瞩目。他们从人类的尿液中提取稳定的多能干细胞，并成规地培育出了人类的再生牙齿，让全世界都真切地看到了器官再生、延长寿命的美好愿景。

正所谓有生就有死，每一个肌体都逃脱不了这样一个自然法则，因为这也是进化的结果。

我们希望有一个办法，就是说如果某一个脏器受到损伤，或者快不行的时候，我们给他一个新的脏器的话，我们可能还可以让他再多活一段时间。

独立演讲

初识细胞

我第一次听说细胞，是在我很小的时候，别人在评论我的时候说，他身上可能有一些音乐细胞。这个问题一直在我脑海里没有消失，我一直在问我自己，我是不是有音乐细胞？除了音乐细胞之外，我还有没有别的细胞？比如说我是不是有科学的细胞？我是不是有一定的演讲的细胞？这些都是抽象性的。我现在要问同学们，你们觉得我们人身体里有多少个细胞？

实际上科学家也不知道我们到底有多少个细胞，推算大概有几十万亿个。这几十万亿个细胞，都是来源于一个

细胞，这个细胞就是受精卵。人在刚出生的时候，可以说所有的细胞都是非常完美的。但是在人出生以后，出于各方面的原因，这些细胞会逐渐失去它的功能。其中一个原因就是衰老。如果说我们人类出生以后，除了疾病，我们有办法让我们的细胞一直保持一个完美的健康的状态，我们就会长生不老，对不对？《西游记》里面就叫“成精”了，对吧？“成精”以后就不会死了。从细胞命运的角度来说，这个是一个基本规则，或者想法。但是我们也知道，我们是很难实现长生不老的。

正所谓有生就有死，每一个肌体都逃脱不了这样一个自然法则，因为这也是进化的结果。但是，自从人类能够研究细胞命运，特别是干细胞技术产生的时候，我们就产生了一系列的遐想。这些遐想包括，当我们每一个人发育到某一些阶段的时候，所有的器官、所有的组织都是好的，可能只是心脏，或者肝脏，或者肾脏，功能稍微差一些。这些功能变差以后，可能会导致其他的组织跟着一起衰竭。最后这个人，可能会过早地夭折。

所以我们希望有一个办法，就是说如果某一个脏器受到损伤，或者快不行的时候，我们给他一个新的脏器的话，我们可能还可以让他再多活一段时间。

细胞的命运

上厕所是我们每天都要做的事情，但是我们的尿里面有非常健康的细胞。这些细胞经过我们重新编程以后，可以把它的命运逆转到受精以后 5~6 天的状态。这个 5~6 天的状态具有可以产生我们人体所有的组织细胞与器官的潜能，可以产生皮肤、心脏、血管、神经。将来条件成熟的时候，这些都可以植回人体里面，然后替代我们已经丧失的功能。就是说，健康的时候，我们把它储存起来，当人生病的时候我们就把它从这个液氮罐里拿出来，病人如果需要心脏，我们就能培育出一个心脏来，如果他需要肾脏，我们就给他培

育出一个肾脏来。

这也就是说，我们人类现在理想的寿命是100岁左右，将来可能我们能活到120岁、150岁，那就看我们这个技术好不好使。这个是非常难的，这些器官形成的基本规律我们还没有找到，而且我们也没有一个很好的、合适的载体来做这方面的研究。我们在实验室里想了一下，我们是不是能用我们得到的干细胞做成一个我们认为比较简单的，大家每天都会用的东西，那就是牙齿。

（此处有一个视频短片，内容如下：从尿液里提出的体细胞承担起一个艰巨而神圣的使命，它要变身成一颗坚硬的牙齿。实验开始了，他们将多能干细胞内加入诱导因子，终于形成了一个完美的上皮细胞，他们再把这个上皮细胞和小鼠胚胎的牙间质细胞结合后，放入了小鼠的肾脏内培育，三周过去了，终于长成了成牙。尽管这颗牙齿还并不是与人类的牙齿一模一样，硬度只相当于正常牙齿的三分之一，但它具有人的染色体基因，符合人类牙齿的正常结构，研究取得了重大突破。再生牙的成功使多能干细胞的重塑有了更多的可能。）

我们想通过牙齿的形成去寻找细胞命运调控整个牙齿形成的具体规律到底在哪里。因为所有器官产生的基本的规则，至少我认为可能是非常一致或类似的。所以我们在这里通过一个简单的牙齿，探索这方面的规律，最近也获得了大众的关注，本来没有想到它在社会上会产生那么大的影响，因为我们认为我们在神经方面的工作可能会影响更大。这些神经元跟我们每个人大脑里面的神经元没有什么两样，但是这个神经元的前身，其实就是尿液细胞。这个神经元将来有什么功能呢？

当人到六七十岁的时候，我们人群当中总有一部分人最后要得老年痴呆（阿尔茨海默病）。老年痴呆是大脑里面的神经元慢慢地退化、慢慢地消失的结果，最后就会导致记忆的丧失，当然最后它会离开我们。如果说，我们现在把这样一批将来有可能得老年痴呆的人的尿液能够收集起来，特别是他年轻的时候，然后我们把他的神经干细胞都做好了。几十年以后，如果有老年痴呆的早期症状出现，我们可以植入之前获取的这个神经干细胞和神经元，因为这些

细胞都来自他自己的尿液，所以他不会有排斥反应。像这样一个神经干细胞，实际上它离应用已经非常近了。

最近，在各级政府的支持下，我们已经建立了神经干细胞的生产工厂，生产出这些细胞以后，我们准备进入临床实验，然后看能不能用于疾病的治疗。

我刚才跟大家讲，从我小时候第一次听到细胞，到后来我选择对细胞命运的研究，我已经在这个领域里面待了30多年。我今天跟大家分享的，实际上只是冰山一角，这个冰山还非常大，要靠我们这一行业的人一起来挖掘。我希望通过我们团队的努力，甚至全世界科学家的合作，能够通过细胞命运的调控这样一个基本的科学问题，最后达到产生病人需要的细胞组织乃至器官的目的，然后用于人类疾病的治疗。

我们也很希望，更多的青年朋友加入生命科学研究这样一个行业，因为你们任何的贡献都是对全人类的贡献，我们有生之年可能都能够受益，谢谢大家！

小撒记录

关于长生不老，关于生命的奥秘，自古以来就是人类的一个终极的梦想。今天我们不再是从炼丹术士那里寻找一些带有自我欺骗性质的安慰，我们是实实在在地从现代科学中去寻找人类有可能延续生命的各种方式，而裴先生就是世界范围内这个领域的佼佼者。他和他的团队从人体尿液中提取稳定的多能干细胞，并成功地在小鼠体内培育出了人类的再生牙齿，这些曾经被人们认为是科幻电影的情节正在实验室中变为现实。

正如裴院长所说，21 世纪肯定是生物的世纪，现在我们有整个基因组技术、干细胞技术，以及基因编辑的技术，这些技术都是能改变人类的未来的。在新的经济里，特别是创新驱动发展的这样一个经济社会里面，生命科学是非常重要的内容，因为人类对健康的需求是刚性的。我们可以什么都不要，但是我们希望能够活到一定的年龄，并能健康地活到那个年龄，因为我们想看看这个世界将怎么变化。

科学有什么用

中国科学院院士、中国科学院高能物理研究所所长，王贻芳

精彩语句：

从根本上来说，应该说科学是主干，技术是在主干上发展出来的枝叶，所以如果没有科学，我们只去做技术，或者经常去问这东西有没有用，最终我们什么也得不到。

人物小传：

王贻芳，中国科学院院士，中国科学院高能物理研究所所长。他见证了中国粒子物理的成长与发展。2012 年 3 月 8 日，作为大亚湾中微子项目的首席科学家，他带领团队实验测得新的中微子振荡模式。该实验曾入选 2012 年年末美国《科学》评选的“2012 年十大科学进展”，并凭此研究，获得 2016 年“基础物理学突破奖”，他也是首位获得该奖项的中国科学家。

在教科书里面，我们很少看到有中国人的名字，我们可以看到国际上有各种各样的科学发明，我们中国是缺席的。

我们要追求的应该说不是一个诺贝尔奖，而是要追求掌握人类的各种各样的知识，集合人类的共同的能力，建造一个中国的科学中心，使得未来我们中国也能够成为世界的科学中心之一。

独立演讲

今天我的演讲的题目是《科学有什么用》。我为什么会想到这个题目？因为大家都会问我，你做的是什么？然后就会问，这个有什么用？我通常的回答是没什么用的，下面就讲不下去了，经常是这样的。所以我今天就想讲一讲，科学到底有什么用？还有像中微子这样看起来非常深奥的研究，跟我们的日常生活看似离得非常远，那到底有什么用呢？

科学是个舶来品

我们可以回过头来看一下，我们中国有四大发明，但是这四大发明主要还是技术层面的，在我们中国的传统当

中，我们其实是没有科学的。从四大发明当中，比如说火药，我们就没有发展出化学；我们从指南针中也没有发展出物理。所以，在我们中国整个历史当中，我们没有一个科学的传统。反过来，你去看西方，他们有古希腊，所以他们有几何学、有逻辑学，通过逻辑推理推演，他们发展出一整套的科学的体系。所以科学在中国，应该说是一个不太有历史的西方的舶来品。

我们中国真正的科学教育的起源，是从 1905 年废除了科举制度以后，西方正式的科学教育才真正引入中国，所以我们的孩子才可以大规模地学习数学、物理、化学等。

那时我们深切地感受到了从鸦片战争以来的痛苦，这使得我们国家要改变教育体系，要把科学真正地引进来。其实鸦片战争失败以后，中国并不是没有向西方学习，我们打开了大门，引进了大量的西方的技术，我们买了他们的枪，买了他们的炮。当年的北洋舰队是亚洲最强的舰队，我们的军舰的吨位远远超过日本，但是我们还是在甲午战争中战败了。为什么？我们学的都是人家的技术，以为这个东西有用。

我们没有在19世纪60年代的时候，就把西方的科学引进来。在那个时候，我们几乎所有的科学的名词都是从日本来的，因为日本在明治维新的时候，打开了国门，他们不仅买人家的枪、买人家的炮，同时他们引进了科学，他们整个的科学体系比我们早建立了几十年。

大家从这个历史可以看到，缺乏科学，只是看这个东西有没有用，急功近利的话，最终我们得到的只是一个皮毛。所以从根本上来说，应该说科学是主干，技术是在主干上发展出来的枝叶，如果没有科学，我们只去做技术，或者经常去问这东西有没有用，最终我们什么也得不到。

科学的四点用途

接下来就是今天我要讲的一个重点：科学有什么用？

第一个观点就是，科学是我们的技术之本，是一切的本源，所

以发展科学是我们要做的一件最根本的事情。

科学的第二个用处，科学是一种文明的一部分。在教科书里面，我们很少看到有中国人的名字，我们可以看到国际上有各种各样的科学发明，我们中国是缺席的。西方国家为什么会走到现在这一步，这也是它的文明的一个标志，它在古希腊的时候，就把科学建筑在它的文明体系里了。

这就像我们中国，一旦我们经济发展了，有一点点经济基础了，有钱了，我们会发展艺术，会发展音乐，会有文学，那么科学也应该是文明的一部分，就是我有了这些东西以后，经济有了一定的基础以后，我应该去探究，这个世界到底是怎么来的？我们应该经常仰望一下天空，探索我们这个宇宙是怎么回事，这是我们对世界的一个根本的追求，这使得我们永远有一个动力，追求科学的真理，追求宇宙的根本的构成，知道我们生活在一个什么样的世界，知道我们是怎么来的，我们将来还会发展到什么地方去。

第三个就是，科学实际上教给我们一个科学的方法论，它根本的方法论其实有两部分，一部分是逻辑推理。古希腊以后，我们有了一整套的所谓推理的方法。科学的第二个主要的部分是归纳。从培根以来，实证科学使得西方的科学建立在归纳推理和实验这两个根本的支柱之上。应该说，这些科学的方法都是从西方来的，我们中国在自己的文明发展历史上，这些东西不在我们的血液里面，我们没有真正地体会这个，所以这个科学的方法论在我们的社会中实际上是很缺乏的。

所以你们看一看，社会上各种各样的现象，比如说经常会有各种各样的大师，说一些莫名其妙的事情，我们有很多人相信。但是很少有人真的用科学的方法去验证一下，这个东西是不是真的合理，或者这个地方、这个事情是不是真的有证据支持，所以我们整个社会，在很多方面缺乏一个科学的思想和科学的方法。那么，我们如果能够把科学推广开来，能够更多地让我们的百姓，让我们的青年人掌握科学的方法论，我们整个社会会走得更好。未来我们做事情，或者在很多的发展上面，不科学的事情可能会更少一点。

我讲最后一点科学有什么用。我们大家都知道，科学最终会发展出各种各样的技术，所以今天的量子论也好，相对论也好，都会成为我们今天日常生活中所用到的各种各样的技术和工具，使得我们的生活在今天能够如此发达。但是科学的主要目的不在这第四点，而在前面的三点。我们应该把科学真正地融入我们整个社会发展的根基当中，使得科学成为我们国家文明的一部分。

经常有人说你做这个科学，要么有用，要么能得个诺贝尔奖，可是这两个你一样都没有，你做这个研究干什么呢？我想讲一个简单的例子，你们现在都用手机，都用移动互联网，10 年前我们大家都用的一般的计算机里的互联网，我不知道在座有多少人知道互联网是从哪儿来的，谁发明的。

在 1989 年的时候，欧洲的物理学家因为要建设大型强子对撞机来寻找希格斯粒子[①]，他们需要解决一个重大的问题，就是科学家之间需要相互交流大量的数据和程序，而这个交流过去是通过 E-mail（电子邮件）来做的。E-mail 是美国军方发明的，科学家发现 E-mail 在（20 世纪）80 年代末 90 年代初的时候显然不能满足他们的要求，所以，为了满足物理学家的要求，欧洲核子中心的计算机科学家就发明了世界上第一个网络的互联装置，所以这个世界上的第一个 browser（浏览器）就是欧洲核子中心发明的。

通过这几十年的发展，大家可以看到，互联网彻底改变了我们的生活，它对经济的贡献已经无法用金钱来计算。这就是科学家在科学研究当中会产生的一个重大的贡献，所以欧洲核子中心不仅是科学的中心，还一个技术的中心，它给我们这个社会和人们的生活带来了巨大的贡献。

我们要追求的应该说不是一个诺贝尔奖，而是要追求掌握人类

---

① 一种被誉为“上帝粒子”的粒子，它能让空间中的物质获得质量，因此被认为是一种形塑并创造了世界万物的粒子。——编者注

的各种各样的知识，集合人类的共同的能力，建造一个中国的科学中心，使得未来我们中国也能够成为世界的科学中心之一。至少对我们中国的科学家来说，这是一个目标。

经过几十年的发展，我们中国的科学已经打下了一个很好的基础，未来我们应该怎么办？今天我们中国的基础科学，在国际上的投入位于第三名或者是第二名，有各种不同的说法。但是我们的基础科学，仅占R&D（研发）经费的5%左右，国际上这个数据基本上是在10%~20%，大部分国家在15%。从这个比例就可以看到，我们的政府，我们的民众对基础科学的认识，大家把基础科学仍然摆在一个还不够重要的地位，我想在很大的程度上，这是因为我们对科学的认识，或者说对基础科学的认识还没有到位，才会让大家觉得这个东西也没什么用，我少给你点儿钱，你玩玩就算了。

所以，我今天想说的就是，大家应该对基础科学有一个更好的认识。要知道它是我们文明的一部分，它是我们个人强身健体、国家成为一个伟大国家的一部分。它是我们成为一个文明的国家，使我们成为一个对人类文明有贡献的民族，能够立身于世界之林的一个重要的方面。没有对科学的贡献，我们在国际上的影响力会非常小，所以我们应该从更高的层次上，认识基础科学对国家发展、对未来发展、人类长远发展的重要性，使得我们的后代不会在学科学时看到的所有的名字都是外国人的。

也许过一百年、两百年、五百年以后，我们会看到很多中国人的名字写在科学的教科书上，在将来我们能够真正地把科学的基因溶解在我们民族的血液和文化里，我们能够把对科学的追求、对科学的研究、对科学的喜爱真正当作我们本能的一部分。也许到那个时候，我们中华民族不光在经济实力方面在国际上有地位，同时能够在文化上、在文明上也有一个重要的国际地位。

小撒记录

王院士是我们第一个自带观众的嘉宾。用他的话说，就是怕我们都听不懂他在讲什么。之前跟他沟通的时候我说，因为大部分电视观众可能没有那么高深的物理学的基础，您的研究项目能不能尽量通俗易懂地讲给我们听一下。然后我遭到了断然拒绝，他说，不可能，如果所有的科研，所有的科技都能通俗易懂地讲出来的话，那么我们那么多年的研究就白费了，因为科学是严谨的。今天我们也看到了，王院士就是这样一位严谨的科学家。

用王院士的话来说，他研究的主要课题是中微子，中微子是构成我们物质世界的最基本的单元。打个简单的比方，就像盖房子一样，所有的这些基本粒子就是砖块，它们构成了我们这个宇宙。这些砖一共有 12 种，其中有 3 种是中微子，我们通过研究它，可以知道我们整个物质世界的构成和它们之间的相互作用，从而弄清楚我们的物质世界最后是怎样成为我们今天这样一个世界的。

作为中国的科学家，王院士对我们年轻人也提出了希望，希望我们付出自己的努力，使我们中国的科学能够在国际上有相应的地位，我们也能够把中国人的名字写在未来的教科书上。然而我知道，这不是仅仅为了一个写在教科书上的名字，不仅仅是为了一份民族的面子，回到问题的根本，这其实还是科学家对待科学的态度，他们认为科学是值得付出一生的伟大事业。所以，也许在 1905 年以前，中华民族对世界的近现代科学没有起到太大的推动作用，但是这并不意味着今后我们不能，我们年轻人就是希望。

我的“太阳”在中国

中国工程院院士、中科院等离子体物理研究所所长，李建刚

精彩语句：

我长期以来有这么一个梦想，就是在我的有生之年有一盏灯能被聚变之能点亮，而且这一盏灯一定要也只能在中国。

人物小传：

李建刚，物理学家，中国工程院院士，中科院等离子体物理研究所所长。

他长期从事聚变研究，主持国家大科学工程项目攻克了一系列技术瓶颈，建成多项国际先进的工程实验系统，在超导托卡马克工程系统的设计、关键技术发展、工程建设、系统集成、科学研究等方面解决了一系列技术难题并取得了多项重大成果。

我这一辈子，这种人造太阳的实验，做了将近 20 万次。你们猜一猜有多少失败的？我可以告诉你们，有将近 4 万次失败了。

科学家做事情的时候，一定要在国家需要你的时候勇敢地站出来，为国家来担当。

独立演讲

人类未来的终极能源

大家好，非常高兴能够来到这个讲堂。我们人类的能源大约还能用两三百年，即使是核能也是数百年的时间。我觉得能源危机带来一个很大的问题，不光是能源本身，还有像雾霾这种环境的恶化。因此未来一定要有更好的清洁能源。

科学家做了大量的研究，一种方法就是可再生能源，比如太阳能、风能。但是它们有一个缺点，就是说不是你想要多少就能来多少，没有太阳就没有太阳能，没有风就没有风能。所以人类要想找到这么舒适的、大规模的解决途径，最终的能源就是核聚变。太阳就是一个巨大的聚变

中国工程聚变热核实验堆外景及托卡马克内景

体，几十亿年为人类提供了光、热。那么我们怎么才能实现可控的聚变呢？科学家想了很多种方法，希望在地球上能够实现“人造太阳”这一梦想。我们用的这个资源，是从海水里面取一杯氘（dāo，氢的同位素之一），它可以产生相当于 300 公升汽油这么大的能量。此外，聚变非常干净，因为聚变就是把两个氢核放在一起，当温度到了上亿度以后，它们聚合在一起。它出来的一个是能量，一个是氦，氦是清洁的。在过去的几年当中，我们就开始了我们中国的“人造太阳”之梦。大家可以看一看我们这个中国工程聚变热核实验堆，这也是我本人设计的。

这个装置的托卡马克①就放在那个主机里面，放在中间圆形的

---

① 英文为Tokamak，一种环形装置，通过约束电磁波驱动，创造氘（chuān）、氚实现聚变所需的环境和超高温，并实现人类对聚变反应的控制。——编者注

主机的中间，周边是发电的功能。这个装置代表着中华民族腾飞和人类实现聚变的梦想，它像一个展翅的大鹏。这就是一个完整的托卡马克“人造太阳”。我们做了 30 年。

那么为什么我去做这件事？我是 1982 年大学毕业的，我在大学里学习还是很好的，我高一读完就上了大学，20 岁大学毕业。我有个习惯就是每个星期五的下午都到图书馆去看书，那时候还没有网络。有一天我发现了一个小册子，里面讲的就是托卡马克，总共就 12 页。我当年上学的时候，数学家王元教授到我们学校去讲课，他说看书一定要从薄到厚，再从厚到薄，这是你们在大学里面都要做的一件事情。那么我就去看，这个 12 页的一个小册子我看了三遍。从薄到厚，从厚到薄，就是看不懂。不知道什么是托卡马克。不懂了，我就问我的老师，老师说这是个好东西，有可能在未来的 30 年左右就能发电。于是我就立志去做这件事情，所以我就考了研究生，考到了我们这个科学岛[①]上。这是很漂亮的一个岛，位于一个人造湖的中间。我去学了以后就发现，这个东西非常复杂，每天都有新东西要学，越学越觉得有味道。我觉得这应该是我要做的一件事情，我觉得我很幸运。聚变是人类的梦想，国家的需求和我的兴趣有机地结合在了一起。所以我一做这件事情，就做了 34 年，现在还在做。

---

① 中国科学院合肥物质科学研究院的别称。——编者注

我相信在座的可能也不知道什么是托卡马克。大家都知道核聚变就是氢弹，实现氢弹也不是非常容易的，因为它的条件就是要实现上亿的温度。问题是我们有什么东西能够装上亿度的这么一团火球？如果我们用磁场把这一团火球悬浮起来，那么这时候就有可能继续给它加热，苏联人把这种方法叫作托卡马克。大家看过电影《钢铁侠》吧，《钢铁侠》里面有一个非常明显的能够储值能量的东西，你可以看到吗？

电影《钢铁侠》里有关储存能量的容器的影像

中间的这个球不是用有形的东西做的，它是用磁场做起来，那些发光的东西就能够把它悬浮起来。无论温度多高，只要通过悬浮，不碰到材料，就不会把它烧化。那么这个时候我们就不断地给它加热，达到上亿度以后它就产生能量。这就是我们说的“磁约束”，我们把这个磁场的环境叫托卡马克。

“人造太阳”不是梦

自 1958 年以后，全世界都在做托卡马克。苏联人在（20 世纪）70 年代末做了一个叫 T7 的半超导的托卡马克。90 年代初，他们要做一个更先进的第二代。他们希望把这个东西送到其他国家，然后就到处问。我们前所长是霍裕平院士，他一听到这个消息，立刻就说中国做聚变，不是为了科学家写几个报告，中国做聚变是为了真正解决我们 100 年后、200 年后的能源（问题），所以我们一定要做超导。他很快就跟卡达姆柴夫联系，就是俄罗斯的一个科学院的院士。霍老师提出来用生活用品，用羽绒服，用牛仔裤，用瓷器换。多少钱呢？大约价值 400 万人民币。加上在一起聊天比较愉快，再加上伏特加，一喝大家情绪就很高，很快就达成了这个协议。就这样对方表示愿意把价值 1800 万卢布的第一个托卡马克送给我们中国。

科学无国界。我们要想去做这件事情，我们一定是要站在巨人的肩膀上。大家可以看到就是这么一个装置（见下图）。

20 世纪 90 年代初，苏联送给中国的托卡马克 T7 外观图

在搬运之前，托卡马克 T7 被拆卸完毕的情景

托克马克 T7 在合肥组建完成后，李建刚院士及其团队合影

在运之前，我们就把它的所有部件大卸八块。为了做这件事情，我们整整花了三年半的时间，用了我们全所上下两年的工资——400 万元人民币去做这件事情，我们就勒紧裤腰带。做聚变这件事，一个人是不行的，一定需要一个团队。我在这里放一张照片，我们这个“合肥超环”（就是在俄罗斯那个装置）做成了以后，我们拍的一张照片。

我一直强调一点，团队就是相互支持、相互帮助，最重要的一件事情还要相互欣赏。你看到一个人你都不喜欢他，你都不欣赏他，你说你和他在一起合作，这是不可能的事情。

经过三年半的努力，我们终于建成了这么一个装置，我们在上面做了很多很多的实验。应该说比苏联科学家做得要好很多。苏联科学家当时只是验证低温工程跟托卡马克是能够用的。所以它只有一秒钟的时间，大约 1000 万度。我们在这个装置上最高的温度做到了 5000 万度几秒钟，然后在 1200 万度的情况下，我们做了最长时间 400 秒钟，比法国人做得还好。

但是这个是不够的。我刚才说要真的实现聚变的话要到上亿度，持续更长的时间。必须做新一代的全超导托卡马克。2006 年，我们第一次建成了一个全超导托卡马克。过程中有很多的艰辛，原因是有些关键的部件我们当时是从俄罗斯进口的。坏了以后我们自己也不会修，所以要请俄罗斯专家来修。一修就有很多的困难。我记得非常清楚的一次，专家来了以后，下飞机大约是在下午五点半的时候，我们把他接到现场。但是他非常不情愿。他说:“我饿了。”我说:“行，我请你吃饭。”吃完饭以后他说:“我要喝伏特加。”“行。”我说。我也不太擅长喝伏特加，但仍然陪他喝了伏特加。喝完伏特加以后，他还说不行。他说:“我已经坐了十几个小时的飞机，我很辛苦，我要去睡觉。”然后我们几百人，眼睁睁地看着他吃饱了去睡觉，我们就等在那儿。所以从那时起，在我们这些

李建刚院士及其团队制作的世界上最大的“微波炉”

人的心里就有一个想法，就是关键技术部分一定要百分之百地国产化，最关键的部件我们一定要自己做。

我们做了很多的尝试，比如说加热到上亿度用什么办法？大家都知道怎么加热，加热最方便的方法就是微波炉，是不是？微波炉一打开，一分钟饭就热了。这个是全世界最大的“微波炉”，就是我们自己做的。

整个加在一起有 6 兆瓦。6 兆瓦什么概念？就是比平常我们家用的微波炉的 500 瓦到 600 瓦要大一万倍以上。用它连续不断地对我们这一团火球进行加热，加到上亿度。2015 年的时候我们做成了刚才大家看到的那个“东方超环”，我们一个团队花了将近 15 年的心血做到现在。我很自豪地告诉你们，在这个装置的周边，几乎每一个部件都是我们自己做的。

有了这个东西，我们就开始一步一步地把时间从几秒钟延长到十几秒钟再到几百秒钟。我们后来做到了 100 秒钟、5000 万度这么一个参数。5000 万度什么概念？就是比太阳心部的温度还要高三倍。我跟你们说这些东西的时候，实际上在这背后藏着很多的艰辛。我这一辈子，这种人造太阳的实验，做了将近 20 万次。你们猜一猜有多少失败的？我可以告诉你们，有将近 4 万次失败了。失败是什么结果？东西烧坏，打得火星四冒，就像烟花一样。正是因为这一次次的失败才铸造了我们一步一步地往前走。这是一个非常漫长的过程。尽管 100 秒离 1000 秒、10000 秒还有很大距离，但是我们会一直做。

正是由于聚变的重要性，所以全世界都在做，不光是中国人。从 1985 年开始全世界就想要做这件事。全世界七方联合起来做。哪七方呢？欧盟 27 个国家算一方，第二方是日本，第三方是俄罗斯，第四方是美国，第五方是中国，第六方是韩国，最后印度也加入进来。建造的这个托卡马克，我们叫它“国际热核聚变实验堆”。

我想说一个小故事。谈判的时候，大家有很多备选厂址，就像争办奥运会一样。日本人也希望能够拉动我们去支持他们，把厂址选在日本，为此他们派来了很多很多代表团。第一次来的时候（他们）说，如果你支持我们的话，那么我们可以把高层的位置给你

10%。我们说这不行，我们依赖于科学，不依赖于位置。第二次他们又来了，说你们所有人到我们这个地方，所有的房租我们全免费了，我们给你们的所有的太太都免费找工作。大家知道日本妇女一般是没有工作的，但是他们知道中国的女同志是有工作的，结果我们说这也不行。第三次他们说，你们只要同意（把厂址选在）日本，我们可以给你们 10%的回扣，就是再给你们 10%的东西让你们去做。最后，我们一共列出来 16 项技术指标，其中有 3 项日本是不占优的：第一件事就是地震，在备选厂址那里有大量的地震；第二有美军基地，美军基地的导弹经常误射在周边；第三没有技术指标。最终他们也是哑口无言。最后我们一致同意选择在法国（建厂）。我说这个故事意在什么呢？就是科学家做事情的时候，一定要在国家需要你的时候勇敢地站出来，为国家来担当。

讲了那么多，也不知道大家听懂了没有？但是有一点就是说，我觉得聚变是一个值得我们再奋斗很长时间的事业。我已经做了 34 年，很多人说，你可能还需要 50 年，还需要 100 年，我觉得这都没有关系。我长期以来有这么一个梦想，就是在我的有生之年有一盏灯能被聚变之能点亮，而且这一盏灯一定要也只能在中国。

谢谢大家。

小撒记录

不知道现在会有多少人真正关心人类的能源危机，但我知道肯定有人这样想：能源危机跟我有什么关系？只要现在我们的灯还能亮，只要现在满大街的汽车还能跑，有什么好担心的？我相信有这样心态的人还挺多。据现有的科学资料显示，人类的煤炭、石油这样一些化石能源的储藏量大概能够供人类再使用200年左右，能源危机是迟早会发生的。有这么一批科学家，他们的志向就是造一个人造太阳，来一劳永逸地解决人类的能源问题，李院士就是在这个领域具有绝对权威的领先的科学家，而且他带领着中国的团队，在这个领域取得了世界瞩目的领先成就。

也许很多人会像我一样，以为人造太阳就是真的造出一个太阳挂在天上给我们照明取暖用，其实这只是一个比喻，指它像太阳一样为人类生产源源不断的新能源。可要在地球上模拟类似太阳并不容易，它必须扛住上亿度的温度并长时间维持，才能像太阳般使聚变反应稳定持续地进行。李院士所说的人造太阳就是一个高11米、直径8米、重达400吨的庞然大物，它是我国制造的第三代核聚变实验装置。在李院士演讲的结尾，他说他希望能看到有一盏灯，是被核聚变产生的能量点亮的，而且这盏灯应该在中国首先被点亮。我想我们每一个中国人都有这样的梦想，就是有一天我们能看到在中国的大地上，亮起全世界第一盏用核聚变提供能量而点亮的灯，那盏灯带来的不只是光亮，更是全人类对于未来新世界的期待和憧憬。

人工智能在奔跑：“无人驾驶”即将成为现实？

中国工程院院士、中国人工智能学会会长，李德毅

精彩语句：

我们创造了汽车，为什么让它造成我们的不幸呢？所以人们对汽车的最大意见，就是应该把驾驶者的活交给计算机，交给人工智能，交给科学技术。

人物小传：

李德毅，中国工程院院士，中国人工智能学会会长。

他最早提出“控制流—数据流”图对理论和一整套用逻辑语言实现的方法；提出云模型、云变换、云推理、云控制等方法用于不确定性认知和云计算，在智能控制“三级倒立摆动平衡”实验和智能驾驶中取得显著成效。

智能车本质上就是驾驶认知的形式化，它需要一个脑子来认知。

大家对人工智能还要多想一点，就像我们对科学要有一点儿敬畏之心一样，对人工智能也要有一点儿敬畏之心。

独立演讲

把驾驶交给机器人

大家好，刚才听见大家对机器人开车有一点儿想法，好像觉得不是很靠谱。汽车，这个曾经被称为改变了世界的机器，今天受到了人们的质疑，最大的问题是，有了汽车就有了人类的第一杀手。我们做一个简单的调查，你和你的亲人、朋友，亲人朋友的朋友，在这个大朋友圈里，你有没有发现其中有一个人曾经受到汽车事故的伤害？我看有人点头了。通常情况下，人类开车出事故不是汽车的动力学性质不好，而是人有更多的智能要释放。他要看路边的那个美女好看不好看。结果坏事了！这叫注意力转移。另外，也不是说我们注意点就可以的。因为人是个认

知主体，他是一定要开小差的，他是一定要睡眠的，他是一定会疲劳的，所以交通事故 80% 左右都是人为事故，都不是因为车子不好。但是人们对这个人类杀手是耿耿于怀的。我们创造了汽车，为什么让它造成我们的不幸呢？所以人们对汽车的最大意见，就是应该把驾驶者的活交给计算机，交给人工智能，交给科学技术。于是我们千方百计地提高驾驶的可靠性，安全的可靠性。经过我们的初步估算，人开车的可靠性是十的负三次方，也就是千分之一；而如果改成机器人开车，我们计算的结果是十的负五次方，也就是人开车的事故率的百分之一，所以安全问题就解决了。

我们大家都比较关注那些摄像头，我们现在用来看车道线的那个摄像头，大概跟手机摄像头的价格差不多，一两百块钱就可以

了。但是你要想看红绿灯，看高速行驶的障碍物，我们发现，这个摄像头还是需要有一点儿特殊能力，好比说高动态。大家知道对摄像头来说一个最大的问题就是光照，夜间要开车，大雾天要开车，所以对摄像头的要求也很高。我想告诉大家光有传感器还不够，这就是认知的作用。智能车本质上就是驾驶认知的形式化，它需要一个脑子来认知。

重点是要一个驾驶脑。2015 年我们用一辆大客车，几辆小轿车，从郑州到开封实现了全程的无人驾驶。我们课题组利用这么多年的时间专门从事驾驶脑、驾驶认知的形式化的研究，还是得到了一点我们自己的兴奋点，这件事情不是那么容易的。郑州到开封的实验成功之后，美国一个叫“连线”的网站给我们做了个评论，它说：

谷歌那个小车子叫smart car（智能汽车），固然性感，但大车子也性感。我才知道形容汽车智能公交车，还可以用"性感"这个词。在智能驾驶当中，我们实际上经历了很多的过程。

2012年，我们从北京到天津，在高速公路封闭的道路上做无人驾驶，当时的媒体也很震惊，觉得我们从北京到天津实现无人驾驶很了不起。其实更震惊的不应该是这件事，而是我们头顶上没有顶美国的那个64线激光雷达。我们用那个比较简单的雷达就把车开到了天津，我觉得这一点还是值得骄傲的。我们很多开车的朋友都说开车是个乐趣，是人追求惊喜历险的乐趣。我们用上海汽车集团的一辆叫iGS的新概念车，做了赛车考驾照的一个科目，叫作"十八米绕桩"，既要快又不能碰到锥形标。智能驾驶是个不可改变的发展方向，我们人坐在车里面干什么呢？优雅地享受移动生活，这多好呀。

对人工智能要有敬畏之心

人工智能发展60年了，人工智能在我们这一代人身上到底会发生多大的变化？今年AlphaGo围棋跟围棋九段高手李世石下了5盘棋，4∶1赢了，全世界震惊。不知道在座的有没有看过这场比赛？我想问一问，围棋是我们中国的传统文化，在座的会下围棋的举个手。还是少了一点。这场大战反映了我们人工智能在奔跑的道路上已经有了一个新的里程碑。在咱们国家，你到汽车装配厂，到很多生产线去看，都是工业机器人在干活，这是一个方面。所以我们国家提出“智能制造 2025”。另外还有一个方面，就是农业。大家知道现在我们国家的城镇化使得很多农村人到城里来了，尤其是青年人。中国的下一代农民的平均年龄你们想过没有，可能是多少岁？我先告诉你们两个数字，日本的农民的平均年龄是 65 岁，美国的农民的平均年龄是 60 岁，中国的这个数字将来可能是 50 岁，因为年轻人都出来了。那中国的企业靠什么呢？下一代的新农民就是无人拖拉机、无人收割机、农用无人机。我们可以憧憬一下，人工智能给我们的精准农业、智慧农业展示了很好的前景，尤其是服务机器人。我家里有个闹钟 6 点钟就响，在一定程度上也可以算是叫醒机器人，只不过比较简单。我们可以想一想，如果你家里有很多家务活，这时有 10 个机器人为你服务，包括你的扫地机器人在帮你干活，那我们不是可以更加有尊严地、更加优雅地、更加有智慧地生活吗？所以，我的观点是，大家对人工智能还要多想一点，就像我们对科学要有一点儿敬畏之心一样，对人工智能也要有一点儿敬畏之心。我们一定可以与机器人共舞，在共舞的过程当中，我想人类还是领舞者。

谢谢大家。

小撒记录

在中国，有一批科学家正在将中国的无人驾驶从概念推向现实，李院士就是其中一位佼佼者。今天他的出场方式可以说是突破以往的惯例，让我们用现场直播的方式感受了一下无人驾驶的魅力。在李院士讲的过程当中我就在想，人类比人工智能强的一点是什么？在智力上？但我的计算速度远远比不上人工智能。后来我想也许是我的观察能力、我的情商和我对人表情的每一个细微的变化的捕捉，我觉得在这一方面人类仍然是领舞者。人工智能发展的目的或是以科技节省人力并保障安全，或者为满足人类更多样化、个性化的需求，但最终目的，就像李院士说的，是可以让我们"更加有尊严地、更加优雅地、更加有智慧地生活"。未来当我们的子孙后代真正享受着这样的一种优雅的智能生活的时候，我想我们不会忘记今天一位院士用最通俗的，而且带着幽默的语言给我们分享了他心目中未来的生活，也许今天我们听着像科幻片，但是当它实现的那一天，我们才会知道正是因为有了这样的先驱者在前面探路，我们才能不断地在前进的道路上享受成果！

机器人的时代到来了

中国科学院教授、中国机器人产业联盟主席，曲道奎

精彩语句：

未来机器人的发展，更多的可能是集中在“人”这个层面。机器人正处在由“机器”向“人”转变的转折点上。

人物小传：

曲道奎，中国科学院教授，中国机器人产业联盟主席。
他研究开发出了具有自主版权的高性能机器人控制器，攻克了机器人控制器开放式体系结构、作业快速示教、高精度插补算法等关键技术，掌握了大型机器人生产线的控制和管理技术，利用自主技术首次在国内研制开发出了具有自主版权的点焊机器人、弧焊机器人等不同类型的机器人产品，并达到国内领先、国际先进的水平。

今天中国最大的一个优势，就是在 2013 年的时候，中国突然成了全球机器人最大的市场。那么自然而然，也就是在三到四年的时间里，中国在机器人这一领域出现了一个新的井喷。

未来的预测，一般技能的，我们还不讲低技能的，就是到技师、专业工程师这一层面，很多这一类的工作完全可以被机器人替代。

独立演讲

机器人时代已经来临

实际上机器人离我们并不遥远。虽然我们很多人是从电影、电视、科幻小说里面来了解的机器人，但机器人已经在悄然改变着我们的世界。相信在座的观众没有手机或者不使用计算机的几乎没有。大家可以想一想，手机、计算机里边有关键的两大部件，一个是芯片，另一个就是显示屏。芯片的制造工艺非常复杂，而且需要在真空环境里进行。大家知道在真空环境里，我们人类能待得住吗？不可能的，所以现在全部是机械手在里边进行操作。你开的汽车，你说现在是谁做的？汽车工人？实际根本就不是

了，完全是几千台、上万台机器人在做。我们做胃镜，或者其他的一些检查，已经不用过去传统的那个复杂的、非常吓人的设备。现在吃一个胶囊机器人，它可以通过我们肠胃的自然的蠕动来行走，最后把我们整个肠道都检测一遍。过去做肠镜是很痛苦的，这种胶囊机器人把很难检测到的地方都给你检测到了。下课了，你到咖啡馆去，现在我们已经有专门做餐饮服务的机器人，完全由机器人代替服务员来给你点餐、送咖啡、送茶，它完全可以自主行走，跟你交互。还有一类，就是在养老院里。很多老年人的陪护工作和残疾人的康复工作现在是由各种不同的机器人在做。所以我说机器人的时代已经来临，今天我们已经真正进入了一个机器人的时代。

我们把“机器人”这三个字分开念，前两个字是“机器”，后一个字是“人”。前半个多世纪发展的是什么——机器。实际机器人到今天为止，特别是工业机器人，一直就没脱离开机器设备这么一个概念。有个非常有名的“莫拉维克悖论”，就是说恰恰我们人类认为很难的事，我们需要思考、需要计算的事情，机器人却很容易实现。现在找一个最普通的Pad（平板电脑）做得都比我们人类好。但是到目前为止，机器人想的还没有我们人类灵活。恰恰是人类最基本的物理运动对机器人来讲是非常难的。所以未来机器人的发展，更多的可能是集中在“人”这个层面。机器人正处在由“机器”向“人”转变的转折点上。

机器人产业大有可为

中国在机器人方面，特别是在工业机器人方面的发展起步非常晚。工业机器人在国际上可能是在20世纪的60年代左右就已经推出市场使用。七八十年代机器人已经开始大批量使用。中国搞机器人，特别是工业机器人，可能只有几年的时间，但是今天中国最大的一个优势，就是在2013年的时候，中国突然成了全球机器人最大的市场。那么自然而然，也就是在三到四年的时间里，中国在机

器人这一领域出现了一个新的井喷。到目前为止，中国机器人的相关企业已经有了上千家。就三年的时间，成了继当年的风电、光电之后，又一个“发疯”的领域，也成为全球机器人竞争最激烈的一个战场。

我知道很多人可能会骂我，说你用机器人了，我们可能连就业岗位都找不到了，我说这是肯定的。未来的预测，一般技能的，我们还不讲低技能的，就是到技师、专业工程师这一层面，很多这一类的工作完全可以被机器人替代。就像小撒（撒贝宁）这种主持人，我估计也就 5 年的工作生命周期。未来很多的这一类工作，包括刚才我们谈的医疗，都是要被机器人替代的。现在技术已经不是

主要问题，主要问题是在伦理道德这方面。

那么说到这儿，可能大家就会说，你讲了这么多，那你为什么要做机器人？我是中国最早的学机器人的研究生，我的导师是蒋新松院士，他是当年最早开设机器人学的。我说几乎全球都一样，每个男孩儿都有一个机器人的梦。

我开始搞机器人是在 20 世纪 80 年代初，根本就不懂，那时候也没有机器人。实际上我还是从儿时的一些很朴素的感官、感觉、梦想开始摸索的。为什么男孩喜欢机器人？因为相对来说，男孩比较调皮，不受约束；另外，男孩还有一个毛病：懒惰，很多事不想自己做，想着最好有个机器人来帮我学习、干活。我说这种都是非常朴素的一个想象。后来读研究生的时候，我一看还有机器人学，这很神奇，但那时我对什么是机器人都不懂。我在德国留学的时候，到大众“狼堡”——沃尔夫斯堡去看，发现汽车厂有几千台机器人。不像我们说，机器人就是想象的那个东西，或者我们公式天天推算的那个东西。我看到现场几乎没有人，全是机器人，这个对我的震撼太大了。另外更关键的，这件事坚定了我的信心。机器人不是说简单地只在实验室里，离我们生活很遥远，不是。我看到国外已经全面用上了。

我是 1994 年年中留学回国的，那时候导师让我回来，他说我们中国可能也要进入机器人应用的起步时代。在这之后，发生了几个大事件，对我们触动特别大。不到两年的时间，我们做成了移动机器人。当时中国的金杯公司从国外引进一条生产线，但移动机器人不对中国出口，于是整个生产线瘫在那儿了。后来金杯找到我们，说你们搞机器人，能不能解决这个问题？我们结合了一下，把我们的移动机器人用在汽车生产线上，金杯率先两年多用上了移动机器人。后来韩国三星公司把我们的技术买走了，当时是卖图纸，一张盘卖了 40 万美元。我说这个东西竟然能卖钱！更关键的，我说那是 20 世纪 90 年代，韩国三星那时候也是如雷贯耳的大公司啊，它能把我们中国人的成果和技术买走。这增强了我们的信心，中国人不是不行。

机器人时代已经来临，它的来临也标志着我们在材料、网络、数据、AI（人工智能），包括感知等方面也开始蓬勃发展。我们现在处在一个大变革的时代，所以我说在座的各位都是幸运的，你赶上了一个伟大的时代。有一个伟大的机遇在等待着你。在这个机遇下，在这个大背景下，我们如何来创业，如何来发展，如何来成就自己，如何来创造人生的辉煌，一切都掌握在我们自己手里。

谢谢大家！

小撒记录

今天我是带着一个男孩半玩儿半工作的心态听完了曲教授的演讲，因为机器人不管怎么说尽管是个严肃的话题，但它是从一个男孩心里最开始的那个机器梦，或是一个陪伴他的玩具，或是他对未来的想象开始的，所以今天我也回到一个小男孩的状态去聆听，确实受益匪浅。按照曲教授的说法，机器人是一个广泛的概念，它不一定非得有人这么一个形象，但是它智能、灵活，可以做很多我们人类现在可以做的事情，这是机器人的典型特征。

2015 年我参加了一期《出彩中国人》的节目，我在节目当中遇到了一个农村来的父亲，小学文化程度，女儿在一个百货商店里看到了一只机器小狗，但是他没钱买，回家以后女儿很失落，于是这个父亲用自己仅有的一点儿知识，在家里天天琢磨，最后他终于用废弃的那些机器的原件，给女儿做出了一台"机器人"，尽管这个"机器人"是用柴油发动的，一拉绳那个机器人就往前走，就跟电视剧《西游记》里巡山的小鬼一样，长得可丑了。可就在那一瞬间我们所有人看得泪流满面，那是一个父亲送给女儿的最好的礼物。所以我在想我们这些机器人又何尝不是每一个创造者希望送给人们的礼物？所以无论乐观也好，悲观也好，只要你带着这份爱去做一份事业，它一定不会有太坏的结果。

让我们再次感谢曲教授跟我们分享未来人和机器人共存的世界，我们要记得未来掌握在我们自己手里。

我来中国做科研

中国 973 项目首位非华裔首席科学家，米格尔·埃斯特班

精彩语句：

我可以有优越的工作和生活，赚的钱也不少，人人都尊敬我，但是我做不了自己喜欢的事，所以我决定放弃医学，转而攻读生物化学和分子生物学的博士学位。

人物小传：

米格尔·埃斯特班，国家重点基础项目研究计划973项目中的第一位非华裔首席科学家，中国科学院广州生物医药与健康研究院西班牙裔研究员。

因为看到中国在生命科学基础研究方面的巨大潜力，2007年，米格尔毅然来到中国。9年的时间里，他在中国科学院广州生物医药与健康研究所带领着自己的团队，探索干细胞的奥秘，攻克细胞病变的难题。

我最先学会的一个中文词是“什么”，第二个词是“老外”，第三个词是“打包”，第四个是“哦”。你们知道“哦”是什么意思吗？“哦”这个词要复杂得多。

做科研是难以想象的艰难。因为大部分时候，你都只是在遭受挫折。只有偶尔的时候，也许某一天你获得了某个特别令人激动的成果，你才会思考，去解读它的意义。

我们有机会去追逐梦想，梦想做一些事情，有机会去做别人都没做过的事情，这真的让人振奋。我不知道我们会不会成功，但是我可以告诉你，我们会非常卖力地去尝试，我们也永远不会放弃。

独立演讲

立志成为一个探索者

我是个欧洲人，我们欧洲人从孩提时代就会听一些故事，关于探索发现的故事，关于探索未知的故事，也有很多罗马人的故事。比如恺撒大帝是怎么带领军队发现“新世界”的，也就是那时的法国，以及他如何征服了法国。

这些故事都有一个共同点，那就是充满探索的激情。在孩提时代，我爷爷就会在晚上给我讲这些故事。他拿出书给我读各种故事，希望哄我睡觉，结果我却睡不着，因为这些故事太精彩了，我听了还要听。这些故事让我意识到，等我长大了要成为一个探索者，我想做些有挑战性的事情，我要挑战自我。我记得大概 6 岁时，一个比我年长 50 多岁的人问了我一个问题：你长大了想做什么？我记得我问他，这个世界上最难做的工作是什么？我记得很清楚那位长者告诉我说，造太空飞船，去宇宙中探索新的太空，发现新的行星、恒星，这是世界上最难做的事。我说，我想做这个，我想成为这样的人。

后来我长成了个少年，也忘了这事儿。很多青少年都有类似经历，对吧？我忘了自己的梦想。我上完了中学，现在要上大学了，我该选什么专业呢？最后我选了医学，我离开家乡去了西班牙北部，那儿的一个小城市里有个非常好的大学，以生命科学闻名。在那儿我学习如何做医生。这所大学有两个特点，一是竞争激烈，我周围的人都很优秀，这很让人激动，身边都是优秀的人会让你更多地思考；二是我有了更多时间对自己、对人生进行思考。这时我的梦想又回来了，我很快想起我当年想做个生命科学的探索者，我觉得自己的选择是对的。因为 22 世纪会是太空的世纪，但 21 世纪是人体的世纪。我其实是幸运的，能让我做一些改变世界的事情，也就是生命科学。

读完大学之后，我又陷入了两难的窘境。因为我成了医学工作者，但是在西班牙，医学工作者是不能做生命科学基础研究的，至少在西班牙不能做，不同国家有一些不同规定。我可以有优越的工作和生活，赚的钱也不少，人人都尊敬我，但是我做不了自己喜欢的事，所以我决定放弃医学，转而攻读生物化学和分子生物学的博士学位。毕业后我决定去英国，我去了伦敦帕特里克·麦斯威尔（Patrick Maxwell）教授的实验室，我过得很开心。但有一天，英国文化教育协会给我打电话，他们说需要我去中国做个讲座。我回答，我不去，我太忙了，对去中国一点儿兴趣也没有。为什么呢？因为我对中国一无所知，所以我不觉得去中国有什么意思。但他们说你非去不可，最后我还是来了中国。我发现自己挺喜欢中国，非常喜欢，原因有三点，我喜欢中国的人民、中国的文化，以及中国的潜力。我看到中国巨大的潜力。在中国待了四五天后，我回到了英格兰。我说也许我们应该想个办法让我能更频繁地去中国跟中国人合作，结果他们跟我说不行。一开始是他们这帮人跟我说你应该去中国做个讲座，现在他们又告诉我不行，你不能去中国。这对我是个启示：也许我该换个地方，如果你此时不做，那你这辈子都做不了。

我来中国做科研

2007 年除夕夜，我到中国开始了一段新生活，一段让人激动的生活。你们看得出我的中文只是马马虎虎，我最先学会的一个中文词是“什么”，因为我一说话别人就会问什么？什么？我说的他们一句也听不懂。第二个词是“老外”，因为我听人家说我的时候都用这个词，而这个词又不是我的名字，所以这个词肯定是说我是个外国人。第三个词是“打包”，第四个是“哦”。你们知道“哦”是什么意思吗？“哦”这个词要复杂得多。我们之前有个司机每天早上来接我们，每次他都会跟我说中文，全是中文，我一句也听不懂。最后我终于明白了，他说的意思是，米格尔，我早上会给你打电话，如果你要坐车呢，你就说“哦”，如果你不去呢，你就说“哦哦”，所以我后来就会用“哦”和“哦哦”表示我去还是不去。

我刚来到中国时就是这样，但事实上我总是说“哦”。我总是会去工作，我工作非常努力，通常从早上 8 点到晚上 10 点半，每一个工作日，每一个周末，那三年的每一天都是这样。我们申请经费、准备材料，我成了“973”项目首席科学家。有的工作没做成，有的做成了，我们发了一些很好的文章。总体来说，我和我的团队、院里的同事们做了一些很棒的事情。我们工作很努力，比如现在，我们在实验室里买了床，这床挺软的，两周前有一次，我就不得不睡在实验室。我们现在有两张床，我们决定还要再买几张，我甚至跟他们开玩笑说，如果实验室里有寝室我就幸福了。在中国做研究是很让人振奋的。

做科研是难以想象的艰难。因为大部分时候，你都只是在遭受挫折。只有偶尔的时候，也许某一天你获得了某个特别令人激动的成果，你才会思考，去解读它的意义。我觉得我们就应该做别人没做过的事情。所以，请拿出勇气和耐心试着向所有人学习，包括你的同事、你的老师。最重要的是，永不放弃。

在西班牙的时候，我是医生、免疫学家。后来我又在英格兰研究所癌症生物学读博士。我第一次接触干细胞就是在中国，我来中国之前对干细胞一无所知。我来中国之后才慢慢地适应这一全新的领域，我们在某些方面有了进展，我们想知道当细胞生病时它们会发生什么。因为人们对疾病有一种简单的看法，很多人可能也是这么想的，认为如果你的大脑、肝脏或心脏出了问题，那这些器官的细胞就会病变，它们一个接一个地死去，直到你整个器官中全是病变细胞，其中有一半都死掉了或者马上就要死去。事实上，疾病比你们想象的要复杂得多。我们相信，疾病正在以某种方式改变着细胞的身份。因为我们的身体是由很多细胞组成的，这些细胞之间会通过对话形成一种平衡。一旦这些病变细胞跟其他细胞对话的方式变了，变得更复杂，让其他细胞听不懂或者获得错误的信息，那它们的行为也会出现错误。结果，就会出现崩溃式的后果，就像多米诺骨牌效应一样，当所有部位都出现问题时，你就会生病，到时你会束手无策。这就是我们研究的东西。我们用干细胞做这些研究，尤其是诱导性多能干细胞。有了这些多能干细胞，我们又可以产生神经元细胞和其他各种细胞类型，然后以二维或三维的方式把它们结合起来做很多事情。我们想建立复杂疾病模型分子医学，这让我又回到了最初的路，我可以把很多医学概念，很多关于人体的知识应用到我的干细胞研究上。我们现在有一个研究帕金森症的大项目，我们所做出的相关重大发现，我觉得也是很振奋人心的。所以，我们是否能在每个研究方向上取得成功呢？我们有很优秀的团队，我们年轻勇敢，当然年龄上会有些许差异，但是我们有决心且勤奋，我们会成功吗？事实上，这并不重要。

我们有机会去追逐梦想，梦想做一些事情，有机会去做别人没做过的事情，这真的让人振奋。我不知道我们会不会成功，但是我可以告诉你，我们会非常卖力地去尝试，我们也永远不会放弃。

小撒记录

2007 年除夕夜，米格尔来到了中国，这一待就是 9 年。当初他决定来中国时，很多人和他说：你疯了，你肯定半年就得回来。但现在他们会说：米格尔，我们能去中国工作吗？由此可见我们中国的科研环境已经大大改善。对米格尔来说，学好中文、娶个中国姑娘，在中国扎根是他的目标。按照米格尔的说法，要想成为一名好的科学家，就得有点儿疯狂精神。他刚到中国就经历了汶川大地震，当时他正在实验室做实验，突然间大楼开始摇晃，所有人往外跑，有人大喊："米格尔快跑！"这时他想了想竟然还是没走，他决定继续做实验。一个半小时以后，人们陆续回来，他仍然在做着实验，他说，只要他活着就必须要准确地完成实验。米格尔说，他最敬佩我们中国人的一点是，我们有一种想要发展的强烈情感，无论是发展企业还是发展国家，我们都敢于克服困难，有一种将国家带到一个新高度的精神。我们现在所面临的这个时代，也许是几千年来最为开放，和世界之间人员的交流、文化的交流以及科技的交流最密切的一个时代，所以无论未来你的脚步是走向国外还是留下，或者先向外再回来，都没有关系，用你的智慧去追寻你探索的答案，因为这些答案不光是对哪一个国家、哪一个民族有用，这个答案造福的是全人类。谢谢米格尔，谢谢你来到中国。

女科学家都去哪儿了

生物学家、清华大学医学院教授，颜宁

精彩语句：

我觉得一个人不论是谁，有一件事情是非常公平的，就是你来到这个世界上就是向死而生。

人物小传：

颜宁，生物学家，清华大学医学院教授。

她 30 岁成为清华大学最年轻的博导，37 岁率领平均年龄不到 30 岁的团队攻克困扰结构生物学界半个世纪的科学难题。2015 年获国际蛋白质学会“青年科学家奖”“赛克勒国际生物物理奖”。2016 年 6 月因观察到了蛋白质在原子层面如何工作，并对细胞膜上嵌入蛋白质的结构展开了深入研究，入选《自然》杂志评选的“中国科学之星”（Science stars of China）。

其实大家不要想象科学家是高高在上的，好像说起话来都是“子曰”，谈必爱因斯坦、牛顿，那不是科学家。其实我们做的是非常有趣的研究，就是把大家日常生活中的“想当然”不断地深入挖掘下去，或者说我们总是想找出它的分子基础，找出它的物质基础，这就是科学家的世界，而且这个世界很美妙。

希望每个女孩子要勇敢，要遵从你的内心，认真去想一想你到底想要什么。好好地分析自己，了解你自己，勇敢地做你自己。

独立演讲

刚才撒老师（撒贝宁）已经提到了，就是这个葡萄糖转运蛋白。过去两年我在和人谈起这个转运蛋白时，就像我跟我爸爸说起转运蛋白，他会立即想到转运气。我就意识到可能我们日常所进行的这些工作对于大多数不同学科的人来说是一个很陌生、很遥远的世界，所以我也想借这个机会和大家分享一下我眼中的这个世界。

金钱不是衡量幸福感的唯一标准

我们经常会说价值观、人生观、世界观，就是三观，对吧？我不太愿意去跟大家谈这些东西，因为我觉得这太宏大，因为这个路你慢慢走出来就好了。可是我有些时候也不是特别理解，为什么我们的三观要被社会上很多世俗的想法，或者网络上的很多声音左右？我有一个学生看了电视剧《欢乐颂》之后就过来跟我说："颜老师，我想了一下安迪（女主角之一，刘涛饰演），安迪在金融界的地位一定没有你在学术界的地位高，安迪的工作强度一定没有你的工作强度大。可是你看她赚多少钱。你每天那么辛苦，可是你的工资比她少好多。你看人家的衣服多漂亮，你难道不会心里不平衡

吗？”然后我就盯着他说：“那你觉得安迪就比我幸福吗？难道金钱变成衡量自己幸福感的一个标准了吗？”我觉得一个人不论是谁，有一件事情是非常公平的，就是你来到这个世界上就是向死而生。我们每个人最后的归宿都是一样的，每个人在这个世界上都是几十年到一百多年的时间，那么你有没有想过你想要什么样的生活？对我而言，只是觉得我很简单地去喜欢这么一个世界。

像刚才跟大家说的，包括从刚才我跟撒老师的对话也可以看出，我骨子里是一个比较活泼的人。我在上小学的时候就很爱玩，从来没有回家写过作业，都是在校园里就写完了。然后到家以后稍微听听广播，我爸妈不让我看电视，因为他们怕我的视力不好，我的眼睛现在还是有点儿问题。但是我一直听广播，听完广播我就开始坐在床上看外面的星空，就这样看。看到星空我就想知道，宇宙外面是个什么样子？宇宙是无穷的吗？什么叫作无穷？宇宙到底有没有边儿？其实现在想想我也挺神叨的，那么小的时候就想到了这么多高深的问题，到现在我还是不知道。当时那些艰深的问题把我打退了。

初中时我知道了一个概念叫作细胞，于是我又开始好奇，细胞是什么样子？我相信在座的每一个人都看过电视剧《西游记》，你们最喜欢谁？当然现在很多岳母好像喜欢的是猪八戒。但是我喜欢的还是美猴王，喜欢他的特异功能七十二变。我不知道你们想变成什么，我在看的时候就在想，他可以七十二变，他就可以无限地缩小，如果他小到像一个分子大小，他如果进入我们的细胞，他会看到一个什么样的世界？所以我在准备今天这个演讲的时候，我想了想，可能我从初中时就有了这个萌芽，我很想知道细胞内部到了分子世界这么一个尺度，会看到什么样子。

我们刚才用动画展示了细胞内部的小小一隅。这上面每一个小斑块都是一个蛋白质，而在旋转的就叫ATP合成酶，它的作用就是把我们从葡萄糖里面获取的能量储存在ATP合成酶中。很遗憾地告诉大家，刚才这个动画其实是三分真、七分假，为什么？因为我们对于这个世界，对于细胞里面的世界还不是特别了解。如果我们真正可以理解到这种程度，那我也就失业了。就是因为我们对这个世界不明白，所以我们很多的科学家一直试图找到人类观测分子世界的窗口。在某种程度上说，结构生物学就是打开人类去观测分子世界的眼睛。那么刚才大家也看到了蛋白质在里面转得非常漂亮，蛋白质一方面为我们提供能量、营养，但最重要的是它支撑起了我们的生命活动，支撑我们的生老病死。

如果这些蛋白质产生了异常，比如说该有而没有，或者我本来需要很大量，它的量却非常少；又或者它出现在不该出现的地方，什么后果？疾病。其实我们的疾病很多时候就是与蛋白质的功能失常或者表达失常有关。那么我们科学家需要揭示的是正常情况下这个世界是什么样子的，间接地我们也可以揭示出当它异常的时候是什么样子的，这就叫探索疾病的致病机理。

到现在为止我说的话，大家有听不懂的地方吗？其实没有，对不对？这就是科研。其实大家不要想象科学家是高高在上的，好像说起话来都是“子曰”，谈必爱因斯坦、牛顿，那不是科学家。其实我们做的是非常有趣的研究，就是把大家日常生活中的“想当然”不断地深入挖掘下去，或者说我们总是想找出它的分子基础，找出它的物质基础，这就是科学家的世界，而且这个世界其实很美妙。

科学家的世界对性别没有偏见

我们再回到刚才那个话题，就是女科学家们都到哪里去了，坦白地说，我自己是比较抗拒这个话题的。但是两年之前，我开始慢慢有意识地去谈这个话题，为什么？就是这么一个浅显易懂的道理，科学界其实没有任何门槛，只要你在本科接受了足够的训练，到了研究生阶段，或者到了更后面的研究阶段，就可以搞科学研究，我个人认为它对于性别是没有任何偏向性的。2015 年我去瑞典参加了“瑞典结构生物学全国会议”，会议请了全世界的一些科学家过去做主题报告，当时我真是大开眼界，怎么回事？因为所有的报告人里面竟然有一半是女性。这个问题我之前竟然没有想过。我自己也组织过很多的国际学术会议，其中有一个要求，就是女性演讲者的比例不能低于 20%。在中国，你会发现大学里面的女性科学家，特别是独立领导实验室的女性科学家确实很少。但是我去瑞典的时候就发现他们的女性科学家竟然占 50%，然后我就跟瑞典的科学家聊天，我说:“这真是太神奇了，你们竟然有这么多女性科学家。”他们说:“这不是很正常的吗？”但是不仅仅是我国，美国、日本，甚至欧洲除瑞士以外的国家，女性科学家的比例都少得可怜。是女性科学家的能力不行吗？大家想一想，中国科学类的第一个诺贝尔奖谁获得的？屠呦呦。你们可能不知道的是在美国科学院的华裔院士中，女性的比例是高于男性的。

我回到清华大学已经 9 年了，其中有 5 年我参与了研究生招生委员会的工作。在面试的时候我们发现女孩子们的表现好极了，她们不论是知识、表达，还是风采都是非常优秀的。可是再往后面去做博士后，甚至再往后面要开始像我一样从事独立的科研工作了，你会发现女科学家很少了，去哪儿了？是什么地方出了差错？我也请大家自己想一想。

为什么开始关注女科学家的问题。其实一个缘由是我自己的学生，她其实做得非常好，在我看来她非常优秀，可是不知道为什么就突然间跟我说，她不想读了。我说是我对你不够好，还是你在实验室压力太大吗？她说不是。她就是觉得正好有一个应聘的机会，她很担心以后自己找不到工作。我就跟她一直说，你看你现在做得这么好，你马上就可以出成果了。当时她听了以后，想了想，说："好吧，我觉得您说的是对的。"结果过了三天，她又回来跟我说："我跟家人讨论了一下，我还是觉得我应该去工作，而不是留在实验室继续攻读博士学位。"于是我又跟她探讨了一遍，然后她又被我说服了。简而言之，这样四次之后，我最后说："好吧，没问题，我支持你的任何选择。"但是我要告诉大家的是，在第四次之后她作为第一作者的论文已经发表，当时她已经可以作为一个博士毕业了。

说实话当时我心里是挺不好受的。在很长一段时间里我都在想，为什么？我自己分析了一下，因为大家在青葱岁月求学时都是自由自在的，男生女生没有区别。但是如果你读了博士，你立业的

时候也恰好是你成家的时候，更别说女性要怀孕，然后生孩子。这个过程有可能是对女孩子们的事业造成扰动的阶段。所以大家应该很努力地去追寻、追问自己的内心。

我最近有一些想法，我前不久在我的微博上也曾经写过，就是说我们人生在世，只要给你钱，消费的能力谁都有。作为一个动物或者说生物，只要给你食物，消化的能力也基本上谁都有。可是区别于每个个体的是什么，是你给这个世界留下了什么，是你创造的能力大不同，这就是我自己的一些感悟。过 10 年我会不会变，我不敢说。至少在现在这个阶段我是这么想的，我给自己定义了一种存在的价值。我不是希望你们听我说完，就觉得你们都应该怎么样，我只是希望你们能够有自己独立的思考。对于女孩子们，包括我的学生，我也是这样说的，如果你选择去做全职妈妈，或者你选择去做文职人员都没有问题，最重要的是这是你经过思考后做出的独立的选择，而不是屈服于家庭的压力，屈服于社会的压力。我就是希望每个女孩子都要勇敢，要遵从你的内心，认真去想一想你到底想要什么。好好地分析自己，了解你自己，勇敢地做你自己。

谢谢。

小撒记录

当我知道演讲题目是“女科学家都去哪儿了”时，我就知道今天这个话题是比较难以探讨的，因为这个话题有太多的可延展的内容，决不是一期节目的容量可以承载得下的。但是我也希望，通过今天的演讲，至少能够触发大家对这个问题的关注，让更多的人能够表达自己的意见，能够去思考，站在自己的角度去思考，我们应该怎么做。

如果大家都不再对科学感兴趣，都不再对自身存在的奥秘感兴趣，我相信，不只是女科学家，只怕未来男科学家也会渐渐地减少。今天的孩子们，从媒体当中得到的都是你如何才能有一个好的前途，什么专业最合适，更多的“神话故事”是关于这些的。有一个故事，是颜教授在采访中讲过的，说在古希腊的神话传说里，当一个神做了有利于人类的事之后，为了奖励他，众神之王宙斯就会把他带到神殿里，打开一扇窗户，让他看一眼宇宙的奥秘。而今天这些普通人，我们以凡人之心，以凡人之眼，能够真正地去探知这个世界的奥秘，我觉得这是人生最大的奖赏，所以我希望更多的年轻人，能够得到这样的奖励，能够真正打开那一扇了不起的窗户。

你要成为什么样的人

生物学家、北京大学生命科学学院教授，饶毅

精彩语句：

我们要做什么样的人？第一是从生物的角度，做人；第二是从个体的角度，做有趣的人；第三是从社会的角度，做对社会有意义的人。

人物小传：

饶毅，著名生物学家，北京大学生命科学学院教授，现任北京大学理学部主任。

他曾主持由美国国家科学基金、美国国立卫生研究院等支持的Gordon国际会议，为30多种国际杂志审稿，经常正式应邀为世界重要学术机构演讲。

他曾于美国圣路易斯华盛顿大学解剖和神经生物学系任教并领导独立的实验室。2004年起任美国西北大学医学院神经科教授、神经科学研究所副所长。

他于2007年回国，受聘出任北京大学讲席教授。

所谓你们这一代才流行、我们那一代没听过的“高富帅”“白富美”，在我耳朵里面这些词特别难听。我认为这6个字把人完全当成动物在肉市上做交易，我觉得这是很悲惨的事情。

做有趣的人，包括对于我来说做有趣的科学家，我觉得是一个很自然的事情。科学是对真理的追求，是对自然的好奇。所以如果没有大脑，科学可能不会诞生。

独立演讲

人所以为人，是件神奇的事

我在想做一个什么样的人的时候，首先想到的就是要做人。从生物学的角度来看，有我们人类是一件很神奇的事情。这是一个漫长的进化过程。这个进化是从无生物到有生物，无核到有核，单细胞到多细胞，多细胞到整个个体的过程。当然有简单的个体，也有复杂的个体，有植物、微生物、动物。我们所说的动物包括低等的、小小的虫子，也包括更高等的，一直到有脊椎类、哺乳类、灵长类，最后还有我们智人。在智人里面，有一个从猿到人的

过程，这个过程并不是一步跨过来的。所谓的北京猿人不是我们在座各位的祖先。我们现在的智人主要是来自东非。他们从东非迁徙到欧洲，从印度次大陆南下到东南亚，从中国的南部迁向北部，在这个过程里逐渐就变成了我们各地的人，最后变成了我们自己。

演化到最高的形式即我自己的时候，我就觉得能够有我这样一个人在世界上，是一件很神奇的事情，不仅有整个生物的进化，而且包括你家族的传承，都非常神奇。那么既然这是一件很神奇的事情，那你就应该珍惜。

这个意思就是说我要跟其他的生物，包括其他的高等动物有所差别。我们不能否认我们是动物，因为我们也有个体生存、种系繁衍的需求。我们也得需要食物、住房、配偶，但是我们不能跟动物一模一样吧？所谓你们这一代才流行、我们那一代没听过的“高富帅”“白富美”，在我耳朵里面这些词特别难听。我认为这 6 个字把人完全当成动物在肉市上做交易，我觉得这是很悲惨的事情。我们跟动物最大的区别是我们具有人的特性的大脑，我们的大脑让我们有高级的认知，我们的大脑让我们有文明的社会，我们的大脑为我们带来今天日新月异的世界。所以只要你用大脑做一些高级的进化、为你带来一些高级的认知，这样用大脑的生活才是人的生活。所以做人用脑，这是我的观点。下面两点可能各有选择，我自己觉得特别重要，有些人肯定不觉得特别重要，但我们可以探讨。

要做有趣的人和事

我们要做什么样的人？第一是从生物的角度，做人；第二是从个体的角度，做有趣的人。做有趣的人，包括对于我来说做有趣的科学家，我觉得是一个很自然的事情。科学是对真理的追求，是对自然的好奇。所以如果没有大脑，科学可能不会诞生。在和平年代你选择做哪个行业都可以，你甚至当律师也可以，当主持人也可以，做什么事情是你的自由。做科学也不需要谁献身，你愿意做你就做，不愿意做就做别的事情。

科学是一个很好玩的事情，也是一个很有趣的事情。我们曾经做过一个基因变化后影响睡眠的实验。假设这是果蝇的脑袋，你可

以看见一个荧光蛋白是由特定的基因表达的，你可以看到这个基因在哪个地方，在哪个区域起作用。我们发现其中有些基因被改变以后，可以让果蝇不睡觉；有一些基因我们改变以后又可让果蝇睡觉睡得特别多；还有一些基因被我们改变以后，果蝇就白天睡觉晚上玩。我们还做过老鼠的研究。我们把老鼠的一些基因改变以后，这个老鼠在选择跟谁睡觉方面就会出现问题。这个当然不是睡眠问题，这是性偏好的问题。我们实验室曾经还做猴子的研究。我们的实验对象是一只小猴子，它和其他小猴子是不一样的，这种不一样不是在外面而是在里面，我们改变了它的一个基因。它的基因被改变以后，我们就发现它对母亲的爱减少了。有人说我们是奇葩，专门虐待动物，在基因水平上虐待动物。其实不是，我们通过改变基因，就知道哪些基因会使其他的猴子更爱它的妈妈。所以我们是通过异常来了解正常。这些实验好玩得很，这些动物的外观和细胞基因表达都是很漂亮的。所以我觉得，我们做这些研究，居然有人给我们钱，不仅给我们饭吃，还给我们研究经费，我觉得这样做科学实在是一种幸福。

除了作为一个职业，做科学研究也要做有趣的。我自己在学校一直讲课，我讲本科生的课，我也讲研究生的课，我希望让我的学生觉得科学里面有一些非常好玩、非常优雅、非常激动人心的工作。除了做研究工作和教学以外，我自己也喜欢读书，有时候忍不住跟别人分享，就像小学生出黑板报一样，最近我们几个大人也想出黑板报，然后找不到黑板，干脆出了微信公众号。我们的目的就是把自己对智力、对知识的欣赏和享受与更多的人分享。我们还是觉得好玩是一个很大的目标。所以除了做好玩的科学、教好玩的课程，到读好玩的书和出好玩的微信公众号，我觉得我很喜欢做一个有趣的人。

做对社会有意义的人

从社会角度来说，我们当然得做有意义的人。做有意义的事情对于我这一代人来说是一个问题，对于你们来说可能是更大的问题，因为我们是和平年代的中国人。我在 9 年前回北大，我坚决拒绝任何人给我戴上“爱国”的帽子。我认为爱国只能用来描述 20 世纪 40 年代在英国获得博士学位、在美国进行过博士后工作，后来回到战争中的重庆工作的张昌绍教授。他是药理学家，他在战争期间可以留在国外生活和工作的情况下决定回到祖国，这叫爱国。有他这样的科学家从西方引进我国所缺乏的科学传统和当时的现代科学，才有 20 世纪 60 年代后期到 70 年代初期，屠呦呦和其他科学家在中国做的研究。他们做的研究是从中药青蒿中获得化学单体抗疟药青蒿素。他们的研究结果造福于中国，造福于人类，所以他们所做的是有意义的工作，他们的人生是有意义的人生。我这一代，特别是像我自己这样的人，不仅完全没有资格标榜自己爱国，而且我很担心自己的生活和事业意义不大，甚至没有意义。

所以我经常提醒自己，希望我的研究有些时候不只是看哪个老鼠跟哪个老鼠交配，还要对我们其他的学术或者应用有意义。这种意义可能是我们发现了新的基因，细胞如何控制睡眠、如何控制各种社交活动，我们也可能发现一种药物，可以让人的时差倒过来。我说这句话不是笑话，我们实验室最近有一个研究生在用人体的细胞做实验。人体的细胞在培养皿的时候，他丢一个药上去，那个细胞就改了 9 个小时的时差。我现在热切地等着这个实验是不是在动物身上、在人身上有作用。像这样的有可能对人类有用处的（实验），偶尔我也悄悄地做一做，因为我希望自己有一部分工作能够有意义。可以是科研工作有意义，也可以是教学工作有意义，万一自己做得有限，我的教学工作做得很投入，我就希望我的学生以后做得很好。最后总结一下就是，做人，做有趣的人和做有意义的人。

谢谢大家。

小撒记录

饶教授颠覆了我心目当中院长学者的形象，我觉得学者应该是很严肃的，但他是如此的有趣、善辩，甚至可以说相当霸气。当有人问他做研究有什么用时，他说，我实验室做研究的目的是给我讲笑话提供材料；当有人说他，你自己没经历过苦难却来这里教大家做一个什么样的人好像有点站着说话不腰疼的感觉，他说，首先他并不擅长宣扬自己的苦难，其次人也不一定非要经历苦难，做一个你喜欢的事情你就不会觉得自己是在经历苦难。我想，之所以年轻人会有这样的疑问，还是跟我们过去的一些传播的语态和语境有关系，总觉得一个有所成就的人站在讲台上要给年轻人传递点什么的话，一定得先从苦难开始，一定要从困难中走出来，才能真正站在一个光辉的顶点，其实不是。我们完全可以开开心心、快快乐乐地做一件自己喜欢的事，直到做出成就来。

无论是这场演讲还是后面的互动问答，饶教授其实一直在告诉我们一个道理，你要听从自己内心的召唤，选择自己的职业和兴趣爱好，你想干什么是外力改变不了的。就像那个一直学金融学到理科状元后非要当新闻记者谁也拉不回来的姑娘。让我们共同向着有趣的生物去进化吧，就像饶教授说的，要用大脑做人，做一个有趣的、有意义的人！

原创科学改变世界

美国科学院院士、国际著名化学家，杨培东

精彩语句：

我们所说的纳米科技，就是把这些材料合成出来，来研究它的性质，然后再把它应用到各种各样的地方。你可能看不到它们，但是真真切切地在使用。

人物小传：

杨培东，美国科学院院士，加州大学伯克利分校终身教授，国际著名化学家、纳米材料科学家，因其在纳米领域的突出贡献，获得2007年度“艾伦·沃特曼奖”、2015年度“麦克阿瑟天才奖”。

在大自然当中有各种各样的细菌，这些细菌能够成为非常好的催化剂，能够把二氧化碳转化成各种各样的化学品。那么我就说，为什么我们不能把我们的这个半导体的纳米导线跟这些细菌结合在一块？

如果我们把整个科研的过程看成是从 0 到 100 的过程，那么从无到有，即从 0 到 1 的过程是非常重要的。从 0 到 1，这是个原创的过程，这个原创过程是一个产生新知识的过程，也就是说这个过程里的很多东西是能写进教科书的。

独立演讲

认识纳米科技

今天我想要讲的是纳米科技会怎样改变我们现在的和将来的世界。我先来做一些简单的科普，什么是纳米？纳米这个东西只是一个尺度，它是肉眼看不到的。我们通常要用电子显微镜来看这个东西。现在我们来看几张图。

大家看到的是厘米级和毫米级的对比。图 1 上这些蚂蚁用肉眼还是可以看到的，毫米到微米差了三个数量级。大家的头发大概是几十个微米左右，那么微米级的结构已

图 1　厘米

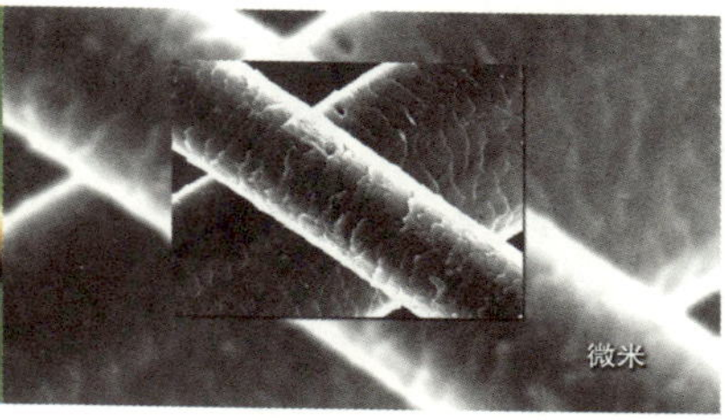

图 2　微米

图 3　微米

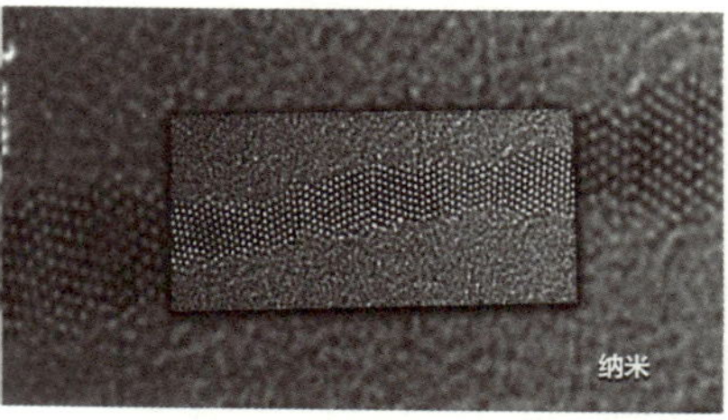

图 4　纳米

经是肉眼看不到的了。比微米再小三个数量级就到了纳米级，这样的一个结构，就是一根纳米导线放大几十、几百万倍以后出现的一个东西。图 4 上那些白点是什么？是原子，材料到最小的单位，都是由原子构成的。一个原子基本上是 0.1 个纳米，它比纳米还要小。一根导线由大约一二十个原子排成一个方阵，这样就形成了一个纳米结构。我们所说的纳米科技，就是把这些材料合成出来，来研究它的性质，然后再把它应用到各种各样的地方。你可能看不到它们，但是真真切切地在使用。

我们做科研时通常有人会问:“我们为什么要做这个东西？我们为什么要做纳米技术？”我想大家都知道爱迪生，他说我们首先要去发现这个世界需要什么，然后我们就去发明它。这告诉我们什么？科技首先是要服务于社会的。

接下来我给大家看一张图，这张图是我女儿6岁的时候画的。

2011年的时候我带我女儿去欧洲讲学，在飞机上我就跟她讲人工光合作用，我跟她讲这是我做的科研。当然2011年的时候，我

杨培东教授6岁的女儿关于人工光合作用的想象画作

们还没有做出来纳米导线跟细菌的一个复合体。她当时听了以后，就有了一个对将来的想象，想用一个手段能够把大气当中的二氧化碳采集下来进行光合作用。在将来的加油站，你就可以现场合成汽油、合成天然气。人工光合作用在这方面的应用越来越可能变成现实，这是很令人欣慰的一个事情。今天（录制当天）也正好是我女儿的生日，所以我在这儿祝她生日快乐。

那么什么是人工光合作用？它跟纳米科技有什么关系？我们来看这样一个公式：二氧化碳加上水，加上太阳光，我们把其中一部分变成氧气了，那么另一部分呢？我们把二氧化碳里的碳变成了燃料、汽油、天然气等这一类的物质，我们可以把它变成各种各样的化学品，这是我们想要做的事情。这问题是从哪里开始的？这里最关键的一个东西就是我们通常所说的催化剂。对于我来说，这个过程当中有一个脑洞大开的时刻。我知道在大自然当中有各种各样的细菌，这些细菌能够成为非常好的催化剂，能够把二氧化碳转化成各种各样的化学品。那么我就说，为什么我们不能把我们的这个半导体的纳米导线跟这些细菌结合在一块？现在回想起来应该是七八年前的事情，跟科学界的一些人讨论的时候，他们都说我这是异想天开，这怎么可能呢？我去申请美国的科研基金的时候，他们都说这个是肯定不行的，怎么会想到把这两个东西结合在一块来做这个事情，我们不会给你钱。但是我坚持，我想这个事情至少要去试一下。经过大概六七年的时间，我第一次真正地把这个纳米导线跟细菌的复合体做出来了，而且第一次真正能够做到用二氧化碳、水、氧气去生产燃料、天然气，能够生产各种各样的化学品，然后排出的还是氧气。这在当时科学界引起了不小的轰动，人工光合作用真正做起来了。

原创科学从 0 到 1

我是 1993 年从中国科学技术大学毕业，去哈佛大学攻读的博士学位。在哈佛大学那一段时间也是我真正意义上的科研生涯的开端。第一年的时候，我的科研项目不是太顺利，作为留学生，我担

心接下来要做什么来完成博士学位。当时摆在我跟导师之间的是两个选择：一个是随大流，第二个就是冒险了。1994 年的时候，大部分的人都在做一种叫碳纳米管的材料，非常热门，我们决定不去做这个东西，而是选择了发扬革命的冒险精神。

1994 年我们开始做这个东西，第一次引进了半导体纳米导线这么一个概念。在过去 20 多年当中，这个领域越来越大，现在全世界大概有几百个研究组在做与之相关的各种各样的科研。现在回过头来看，这是一个很好的决定。有个叫爱默生的思想家，他说了这么一句话：不要去走别人走过的老路，要在还没有路的地方给别人蹚出一条路来。所以当时我们做的这件事情就是给别人蹚出了一条道。这里头就是一个原创的精神。如果我们把整个科研的过程看成是从 0 到 100 的过程，那么从无到有，即从 0 到 1 的过程是非常重要的。从 0 到 1，这是个原创的过程，这个原创过程是一个产生新的知识的过程，也就是说这个过程里的很多东西是能写进教科书的。接下来就是从 1 到 99 的过程了，那是一个不断优化的过程。99 到 100 是另外一个非常关键的过程，这个阶段是你真正有了看得见、摸得着的产品，能够应用到各种各样的地方去了，就是转化成生产力了。

大家有没有看过电影《火星救援》？大家还记得马特·达蒙在火星上非常绝望地尝试一切办法来种土豆的故事吗？火星上最主要的两个东西，第一个是二氧化碳，第二个是氮气。人类将来如果移民到火星上面，我们就可以把它的二氧化碳、水、阳光变成各种各样人类所需要的物质，而且还可以给人类提供氧气。火星上还有氮气，运用我们这样的概念，我们可以把它转化成肥料。事实上，我们也正在跟美国宇航局讨论这个事情，我们很有可能先在太空站试验，这是完全可行的。

人工光合作用的确取得了很重大的突破，所以引起了一些很有意思的事情。我有一个做音乐的朋友，最近一两年我们开始做一个事情，就是把我们人工光合作用的整个过程编成一个音乐剧，很少有人把这么一个科研题材转化成一个音乐剧，大家可以在网上搜索来听。

谢谢大家！

小撒记录

做任何事情都需要原创精神，杨教授还拿马云当例子，说马云做得这么成功就是因为他有原创和冒险精神。原创这个东西也不是与生俱来的，不是由基因决定的，杨教授说，原创应该是一种素质，是可以后天培养的。但并不是每个人都必须去搞原创，就像盖房子一样，必须有设计师，但不是所有人都要去当设计师。得有人打地基，得有人开始盖第一层楼，得有人盖第二层楼，最后封顶也得有一批人。我们不是号召所有人都去搞科研工作，有人去做从 0 到 1 这件事，那 1 到 99 也得有人做，99 到 100 也得有人做，投身于什么样的阶段，是每一个科研工作者自己的选择，但是搞科研工作的不能丢了这种好奇心，做原创的好奇心和动力不能丢失。

我们从一开始就给杨教授贴上了一个“天才”的标签，但实际上我觉得这个标签对他来讲没有用，他更像是一个孩子，一边探索着自己心目中那个未知的世界，一边为人类做着贡献。同时还要记住那句话：当你坐在夕阳里规划明天的工作时，有人已经在太阳升起的时候开始工作了。天才不可怕，可怕的是天才比你还努力。

不怕输在起跑线

中国工程院院士、神舟号飞船总设计师，戚发轫

精彩语句：

2016 年是中国航天事业 60 周年，1956 年成立的一个搞航天的单位叫国防部第五研究院。它 1956 年成立，我 1957 年就毕业分配到那里去了。它今年 60 年，我是差了一年，我干了 59 年。

人物小传：

戚发轫，空间技术专家，神舟号飞船首任总设计师，中国工程院院士。

他曾参加中国第一发导弹、第一枚运载火箭、第一颗卫星、第一艘试验飞船、第一艘载人飞船的研制工作，直至执掌设计神舟载人飞船的帅印，可以说他见证了中国航天每一个重要的历史时刻。

我们汽车最好的发动机还是进口的，我们船舶上的最大的内燃机还是进口的，包括我们飞机上好多发动机还是进口的。但是我们航天上，不管是导弹上的、火箭上的、飞船上的、卫星上的发动机全是自己的。虽然不是世界最好的，但是我们自己的。这是被逼出来的自力更生。

到现在（2016 年）为止，中国发射了 10 颗飞船、搭载了 10 位航天员，一切都很顺利，所以到现在为止叫十全十美。不怕输在起跑线上，起跑线在短跑中起作用，而人生、事业是马拉松。所以我觉得，很可能我们每一个人在起跑线上都不那么完美，但是不要怕。

独立演讲

大伙都很关注我们的“长征七号”，为什么关注呢？因为“长征七号”上了一个台阶，以前我们的最大的运载能力就是把 8~10 吨的飞船送到近地轨道。“长征七号”把运载能力增加了 50%，可以到 14~15 吨。干什么用呢？发射我们明年（2017）要上天的“天舟一号”货运飞船。但是这还不够，我们的空间站真正要上天的时候还需要有更大的运载火箭，叫“长征五号”，是今年（2016 年）下半年发

射，就是为了送空间站上天的。那么还要解决的一个关键问题是什么呢？是长期驻留，就是航天员在空间站上要工作几个月甚至几年。为了这个任务，今年（2016 年）要发射一个“天宫二号”，再发射一个“神舟十一号”，有两个航天员在“天宫二号”里头要驻留 30 天。还要解决的一个问题就是补加任务。因为航天员在天上需要消耗一些东西，那么就需要吃的、喝的，还需要氧气，另外还需要一些设备，所以就需要一个货运飞船把上吨重的货物送上去。

2017 年就要发射“天舟一号”，它能够把 5 吨重的货物送到“天宫二号”，交汇对接把东西送上去。这个事情完了之后，我们就具备建立空间站的能力了。有了运载火箭，又能补加，又能长期居留，所以 2020 年之前，从 2018 年开始吧，我们就可以建立中国的空间站了，这是世界上第三个空间站。第一个大伙都知道，是苏联的“和平号”，现在它已经完成任务了。现在天上还有以美国为首的 16 个国家的国际空间站，但是按照他们的计划，到 2020 年就到寿命期限了，现在正在计划继续验收。我们是第三个，完全是中国自己搞的。习近平主席讲了，探索浩瀚的宇宙，发展航天事业，是我们不懈追求的航天梦，是航天科学要去做的任务。当然，它不是今天就能为老百姓的生活创造财富，但是它对人类社会的进步有很大的作用，因此中国人不能不干。

一生就干一件事

2016 年是中国航天事业 60 周年，1956 年成立的一个搞航天的单位叫国防部第五研究院。它 1956 年成立，我 1957 年就毕业分配到那里去了。它今年 60 年，我是差了一年，我干了 59 年。那个时候我们刚刚建立国家，美国人对我们严厉封锁，苏联人曾经跟我们好过。领导说，“老大哥”有技术，你去学吧。我们十几个人就准备到苏联的军事院校去学导弹。我还急急忙忙到解放军大连俄专（俄语专科学校）去突击俄文。刚学两个月我就接到通知，1958 年了，苏联不接受现役军人到他们军事院校学习，没有要我们，我们就回来了。但领导不死心，说你们都脱军装，通过高教部到莫斯科航空学院去学。我们就都脱了军装，西服皮鞋都准备好了，后来又接到通知，这十几个人其他人能去，就戚发轫不能去。你们都知道我们搞导弹的是一个综合工程，还有其他各个专业的。人家搞空气动力

学的、搞强度的、搞工艺的、搞发动机的、搞测试的都可以去，就不让我这个搞总体去。这对我刺激太大了，一切都准备好了，而且我也抓紧时间结了婚，却没去成。

不让去怎么办呢？说苏联专家还没有走，咱们跟苏联专家学吧。1959 年苏联单方面撕毁合作协议，所有专家都撤走了。我们中国人受人家的欺负，为什么一定要靠别人啊，我们不能自己干吗？核心就是自力更生。搞导弹我们虽然有这么多人，有老的，有年轻的，但谁都没见过导弹什么样子。只有我们的院长钱学森见过导弹，他是突破美国的阻挠，奋斗了五年才回到国家的，所以他给我们上《导弹概论》的课。从那开始，中国就开始自己搞了。

当时确确实实没有经验，第一次发射失败了。我在现场很受刺激，所以那个时候感到压力很大。认真总结经验，其中一条就是我们当年急于求成了。地面该做的实验没有创造条件去做，上天暴露问题了，所以失败了。之所以说“失败是成功之母”，是因为那个失败给我们这代人的教育太多了，所以我们搞“东方红一号”的时候要做实验。周总理曾经问我：“戚发轫，这‘东方红一号’上天的时候，《东方红》的乐曲会有人好好地唱吗？不会变调吗？”这个问题很难回答，因为这是第一次上天。我只能说：“总理您请放心，凡是我想到的，地面能做的实验我都做过了，没有问题，但是没有上过天。”总理想一想也只能这样了，最后总理就批准我们去转场发射了。所以 60 年来，一直到现在，靠不了别人，还得靠自己。我们汽车最好的发动机还是进口的，我们船舶上的最大的内燃机还是进口的，包括我们飞机上的好多发动机还是进口的。但是我们航天上，不管是导弹上的、火箭上的、飞船上的、卫星上的发动机全是自己的。虽然不是世界最好的，但是我们自己的。这是被逼出来的自力更生。

不怕输在起跑线

大伙都很关注“神舟五号”，也很怀念它，但是我更关注“神舟一号”，对它也最有感情。因为“神舟一号”是从零开始的。1992 年那个时候，国家立项要搞载人航天。那是个什么时候呢，搞导弹的不如卖茶叶蛋的，拿手术刀的不如拿杀猪刀的，那个时候技术、军工不值钱，很多年轻人出国了、下海了。在这个时候要组织一个队伍搞载人航天确实挺难的。张柏楠（“神舟六号”飞船总设计师）、尚志（载人飞船系统副总指挥）、杨宏（空间站系统总设计师），当年还有袁家军（现任浙江省委副书记）、张庆伟（现任河北省省长），那个时候他们没走，他们在。他们都是研究生，学历很高，但是没有经过磨炼，没有失败过。我是经历失败最多的人，姜还是老的辣嘛，所以国家就找我这样的人了。那个时候我 59 岁了，所以要我来办这个事，对我来讲压力就更大。中央领导也很关注我们，说飞船落点只要在中国就行，千万不要到海上去，也不要到国外去。这个要求就降低了是吧。但确确实实地回到中国也不容易。那个时候，我们白天做、晚上做，星期六星期天也做，过年过节也做。经过大伙的努力，到 1999 年“神舟一号”确实不仅回到中国了，而且离预定地点只有 10 公里。这个很不容易。所以，我说我对“神舟一号”比对“神舟五号”还有感情。我干了这么久没到过回收场，因为我岁数大了。年轻的同志说这太辛苦了，路也不好走，你就别去了。我说我一定得去看看。等到“神舟十号”的时候，我已经在后边了，没有事了我就去。去的时候别人问我看什么，我说看“神舟一号”的那个落点。人家讲“神舟一号”那地方都没人去，你怎么不看“神舟五号”。我说我对“神舟一号”印象太深了。他们经过努力，把我带到“神舟一号”那个落点，完成了我的这个愿望。

“载人航天精神”要特别能吃苦，特别能攻关，特别能战斗，特别能奉献。我觉得要这么理解：当国家有特殊需要的时候，我们就要有特种精神。当然我不希望每天都那么拼命，都那么去奉献，都那么去吃苦。但是一个人的一生、一个国家总会遇到特殊情况。我举个例子，2003 年“神舟五号”全国大协作要做一个飞船，在地面做实验，检查以后要上天。大伙都知道 2003 年什么情况——“非典”肆虐。我们有上百人在干这个事儿，又是来自全国各地的。回去以后如果染上了非典，我们这个队伍怎么办？我那个时候是总指挥，又是总设计师，心想：特殊一下吧，从今天开始，管吃管住，就是不准回家。挺残酷的，想一想不让你回家的情况，年轻人家里有小孩有老人。就是这样干了一个多月，把“神舟五号”送上了天。一个事业也好，一个团队也好，一个人也好，在你的一生当中总会遇到特殊情况，有特殊情况就得用特殊办法来办。正是因为有这种精神来支撑，我们这个队伍遇到的很多困难都克服了。

中国的航天事业起步晚了，但是我们发展很快。到现在（2016 年）为止，中国发射了 10 颗飞船、搭载了 10 位航天员，一切都很顺利，所以到现在为止叫十全十美。不怕输在起跑线上，起跑线在短跑中起作用，而人生、事业是马拉松。所以我觉得，很可能我们每一个人在起跑线上都不那么完美，但是不要怕。

我就讲这么多。

小撒记录

戚老今年（2016 年）已经 83 岁高龄了，但是精神矍铄。在录节目之前我们问戚老：这个节目录下来可能得一两个小时，要不要给您准备一把椅子？戚老说：站个把小时没问题！来之前，戚老问我们：我怎样出场比较有气势？人家是坐着无人驾驶汽车来的，我是不是该坐火箭，还是应该坐飞船来？我们说都不用，您走来就可以了。一个人用自己一生中最辉煌的年华去做一件事业，不断地把别人送到一个遥远的不可知的地方，但是自己却从来没去过那个地方，始终保持着脑海中对那个地方的一种想象，还有什么能比这样的事业更浪漫。在戚老演讲的过程中，我特地偷偷查了一下“发轫”这两个字，它在中国的词汇当中象征着启程、出发，而且是从无到有、从零到一，迈开我们的第一步。戚老恰恰是中国航天事业在“发轫”阶段参与进来的一个年轻人，这一代航天人带领着中国的航天事业，完成了“发轫”的第一步，而接下来的担子会交给年轻人。我们年轻人应该接过这个担子，让自己对这个社会有点儿用，让自己对周围的人有点儿用，让我们自己在一个团队里真正能够为国家和民族的事业做出贡献。

面朝大海，仰望星空

西昌卫星发射中心副总工程师，毛万标

精彩语句：

今天我站在这里，天空和星辰依然在那里。地球是人类的摇篮，但你不能永远活在摇篮中。我们曾错过海洋，但我们不能再错过宇宙。

人物小传：

毛万标，中国文昌航天发射场技术负责人，西昌卫星发射中心副总工程师，参与发射任务 90 余次。

他是中国文昌航天发射场的建设者，更是“长征七号”运载火箭一飞冲天背后坚定的保障者。

这些人和你我一样都是血肉之躯，都有家人，都有亲人，但这个时刻他们义无反顾地向前冲，他们知道发射场需要他们，抢险需要他们。也正是有了这样的西昌航天人，我们的处置非常果断。在最短的时间内固住了火箭，卸出了推进剂，保住了卫星，保住了发射场，没有让灾难发生。

让我印象最深的是两封信，一封是一个大学生发来的电报“长城奇耻，国人心寒”；一封是一个小女孩给我们寄来了一元五角的压岁钱。这些既是鞭策更是鼓励，鞭策是压力，鼓励是动力。我们只有迎着压力而上，用行动回应鞭策，用成绩报答鼓励。

独立演讲

大家在开场前的视频中看到的就是我工作的地方——中国文昌航天发射场。这是我国最新的一座发射场，也是位于我国最南端的一个发射场，更是我国第一座滨海发射场。现在大家看它，觉得它很壮观，很漂亮，甚至很震撼，但是几年前可不是这样的。那个时候发射场是一片沼泽和滩涂，没有路，没有水，也没有电，更没有空调。没有这些我们都不怕，因为我们本来就是来建设的，然而让我们的建设者感到难受的是当地特殊的环境。

我们没有在海边建设发射场的经验，文昌是一个高盐雾的地区。通俗地讲，高盐雾就是空气中盐分含量比较高，腐蚀性强，一般的不锈钢设备在那里不到半年就变得锈迹斑斑。现在我们主要采取刷漆、包裹等办法对下面的一些基础件进行养护。如果在西昌做这些工作可能一年一次，那么在海南，在关键的部件，我们可能每个星期都要刷一次，所以工作量大大地增加了。如果有一天你站在发射塔塔顶眺望大海的时候，可能我的战友、我的同事们正在你脚下刷漆。困难是难不住我们航天人的，我们喊出了“逢山开路，遇水搭桥，披荆斩棘，一往无前”的战斗口号。

我们决定要在中国的南海之滨建成一座我国现代化的、最环保的、世界一流的航天发射场。在这里我可以自豪地说，我们发射场的工程建设质量是过硬的。2016 年 6 月 25 日虽然是首次发射，但是首次发射我们就树立了百倍的信心。

我经历了中国航天事业的低谷

我看到大家鼓掌就知道大家是热爱航天事业的。在发射场也有很多年轻的同志刚刚参加工作，他们是第一次参加这样的发射任务。看到他们激动的样子，我回想起了 20 多年前我刚参加工作时的场景。1991 年我毕业于国防科技大学，被分配到了西昌卫星发射中心。报到之后，我就直接进入了发射场。我真正第一次参加任务时就遭到当头一棒。那是 1992 年 3 月 22 日，我们发射澳星。

“18 时 40 分，01 号指挥员下达火箭点火口令，7 秒后火箭仍未正常起飞。此时发射台上弥漫着棕黄色有毒气体，满载燃料的火箭随时都有倾倒和爆炸的危险。”

我不知道大家看到这样的场景什么感受，可能会觉得紧张，而我当时就在距离那个发射点 400 米的地方。那一天我和我的几个同事在那个地方看发射。当时在现场看发射的有上千人，（现场）是一个山坡。因为是现场直播，所以现场的新闻记者也不少。在我身后是一排排架好的照相机，大家就等着发射成功的那一刻。因为之前我们的发射都圆满成功，从来没有失利过，所以大家都没想到会出现这样的情况。发动机紧急关机后，人群开始骚动，参观的人群就开始往山上跑，因为山上有一条逃生的公路。我身后的记者反应也特别快，拔腿就跑。我们一转身，相机还在，人一个都没了。而就在这人流之中，我看见了一群逆向奔跑的人，他们在朝着发射场的方向奔跑。我看不清他们的脸，看着他们穿着工作服的背影，我只知道那是我的同事，我们的西昌航天人。

当时虽然发动机已经关机，但尾焰还在燃烧，火箭已经发生了倾斜，随时都有倾倒爆炸的危险。如果发生这样的情况，发射点 500 米范围内将是一片火海。这些人和你我一样都是血肉之躯，都有家人，都有亲人，但这个时刻他们义无反顾地向前冲，他们知道发射场需要他们，抢险需要他们。也正是有了这样的西昌航天人，

我们的处置非常果断。在最短的时间内固住了火箭，卸出了推进剂，保住了卫星，保住了发射场，没有让灾难发生。虽然时间过去了 20 多年，但每次回想这样的场景，我都满怀激动甚至热泪盈眶，他们是留在我脑海中最美的背影。

然而这只是个开始。在接下来的几年内，我们西昌发射场遭受了一系列的失利，出现过火箭卫星在空中爆炸的情况，出现过卫星加注在厂房泄漏的情况，出现过“长三乙”火箭（“长征三号”乙系列运载火箭）首飞失败的情况。当时中国的航天也陷入了低谷，焦虑和不安笼罩在大家心头。全国人民也深深关注，信件从四面八方向发射场寄来，有鼓励的，有不满的。让我印象最深的是两封信，一封是一个大学生发来的电报“长城奇耻，国人心寒”；一封是一个小女孩给我们寄来了一元五角的压岁钱。这些既是鞭策更是鼓励，鞭策是压力，鼓励是动力。我们只有迎着压力而上，用行动回应鞭策，用成绩报答鼓励。

我们的目标是星辰大海

2003 年的 5 月 24 日，我们按计划执行一颗北斗卫星的发射任务。在发射前三小时突降暴雨，一下子把火箭淋得像个落汤鸡。因为火箭的电气系统是怕水的，我们就发动很多人到塔架上给火箭擦水。但一加电，我们的担心还是发生了。火箭的控制系统绝缘性下降，发生漏电，达不到最低发射条件。这个时候，打还是不打，就是摆在我们面前一道选择的难题。打，因为火箭漏电，我们从来没有在漏电的情况下执行过发射任务，风险巨大；不打，我们低温的液氢液氧已经加注到火箭里面去了，卸出来，困难重重且危险重重，决策陷入两难的境地。

当时我是控制系统的技术负责人，之前我也做过火箭漏电方面的研究，我立即赶到现场。我需要从地面到发射塔尖上，因为那个时候电梯是不能使用的，我们就靠自己的双腿爬上塔架，大概花了一个多小时的时间，我观看了所有的部位，并且通过计算，我心里有了数，知道问题出在哪儿了。当我回到控制室的时候，指挥部正在开会，会场一片寂静，大家表情都非常严肃。我一进会场，所有

的目光都朝向了我。时间在一分一秒地过去，两小时口令已经推迟下达，我们所有的岗位人员都在岗位上等待最后的命令。时间拖得越久我们决策的空间就越小，风险也就越大。这个时候就需要有人站出来，于是，我站出来了。我二话没说走上讲台，在黑板上画上电路图，指明了原因，分析了可能的后果，最后我明确地说“可以发射”。当时我的分析得到在现场的专家的肯定，大家同意了我的意见。现场最高指挥长最后问我：“小伙子，你敢不敢立军令状？”那一刻我真的有一股豪气从心中涌起来，我就拍着胸脯斩钉截铁地说:“敢！”测试的结果非常顺利，火箭飞行正常，准确地将卫星送入预定的轨道，发射取得圆满成功。

航天发射是万人一杆枪的事业。大家比较关注喊倒计时口令的01指挥员，按一下点火按钮的操作手，这些工作是非常重要，但是我们还有千千万万的工作者在自己的岗位上无私奉献，默默耕耘，测风观雨，站岗执勤。有一次我到一个单位去看，问他们还有什么要求，他们说想在离开发射场之前看一次真火箭。我当时听了非常感动，从来发射场到离开发射场十几年的时间内，他们没有看过一次火箭的腾飞，甚至连一次真火箭也没看过，都不知道火箭长什么样，他们像青山般默默无华。干惊天动地的事，做隐姓埋名的人，这就是航天人。

在25年的工作时间内，我经历了中国航天的低谷，也执行了长征火箭第100次发射；见证了“嫦娥奔月”千年梦想的实现，参与了文昌发射场的建设，也实现了“长征七号”运载火箭的惊世一飞。

今天我站在这里，天空和星辰依然在那里。地球是人类的摇篮，但你不能永远活在摇篮中。我们曾错过海洋，但我们不能再错过宇宙。文昌不是终点，它只是通往茫茫宇宙的起点。今后我们将在文昌发射场发射“长征五号”，发射“天舟一号”货运飞船，发射“嫦娥五号”，实现登月、返回。将来我们还会走得更远，我们不是为了鲜花和掌声，我们的目标是星辰大海。

谢谢大家。

小撒记录

“男儿千里跨大江，七年风雨驻章台，不求朝暮与君守，只为红颜尽华芳。”“弹指已筑通天路，号角吹响九天外，云中忽闻霓裳曲，原是嫦娥举酒来。”出生于文化名城安徽桐城的毛总是一个内心充满了浪漫主义气息的航天人。然而现实永远更加真实和残酷，当火箭发生倾斜，随时都有爆炸的危险的时候，当人群开始纷纷逃散时，同样是血肉之躯的航天人却逆向而行冲向了发射台，听到这里我相信没有人不为他们的勇敢动容。

“我们做这件事不是因为它很简单，而是因为我们知道，这件事困难重重。”毛总说他喜欢肯尼迪的这句话，这又何尝不体现了我们航天人的初衷。作为一名拥有20多年从业经历的老航天人，毛总见证了中国航天很多重要的历史时刻。在那段低谷期内，他和他的同事们忍受着各方面的质疑和巨大的压力，以更高的标准去完成手上的工作。正是这样一群航天人，为中国的航天事业一步步夯实了基础，才有了“长征七号”的一飞冲天。这也许是每一个为了全人类的太空梦想奋斗在航天战线上的科学家共同的声音，当我们的子孙后代真正踏上另外一颗星球的时候，再回过头看今天的这一切，才知道万丈高楼是如何一点点搭建起来的。干惊天动地的事，做隐姓埋名的人，再一次把掌声送给我们的航天人，谢谢。

探索“航天梦”的未来

“长征七号”运载火箭总设计师，范瑞祥

精彩语句：

火箭从起飞到最后入轨就10分钟，也就是600秒。但是这背后是数以千计的研制人员花费的10年时间。这10年的功夫造就了这10分钟600秒的成功。正所谓台上10分钟，台下10年功。

人物小传：

范瑞祥，“长征二号”丙系列火箭第四任总设计师，我国第一枚数字化运载火箭“长征七号”运载火箭总设计师。

1991 年，风华正茂的他步入中国运载火箭技术研究院的大门，开始了航天人生。1992 年，载人航天工程刚刚上马，范瑞祥从事“长征二号”F 火箭逃逸系统结构的研制。2004 年，39 岁的他成为“长征七号”运载火箭总设计师。

这次火箭研制全流程采用了数字化技术，从设计、生产制造、试验，整个生产过程中没有一张图纸，都是根据计算机中的三维模型进行生产制造和试验验证，这使我们国家中大型火箭的研制技术水平上了一个大的台阶，实现了与国际水平接轨。

我们通过“长征七号”火箭的研制带出了一支年轻的队伍。在发射场的时候，我看了一下我们这个试验、研制团队的花名册，我们整个研制团队一线的人员绝大部分年龄在30~35岁。他们非常幸运，赶上了一个好的时代。

独立演讲

“长征七号”的惊世一飞

这次“长征七号”火箭首飞的成功对我们国家未来空间实验室和空间站的建设具有非常重大的意义。我们知道我们国家未来要建设空间实验室，再进一步发展要建立有人长期驻留的空间站，那么人在上面必须要有地面定期给他发射货用飞船来提供补给，解决航天员在上面的吃喝问题，包括在上面做科学实验需要的仪器设备等。要提供

补给的话，就要求这个火箭的运载能力必须大于13吨。可是我们国家到现在为止，运载火箭低轨的运载能力最大就是8吨多，要达到13吨以上的运载能力需要新研制一些运载火箭。“长征七号”火箭就是在这样的需求下，我们从8年前开始研制的新一代的运载火箭，所以这个任务是非常光荣和艰巨的。

新型运载火箭的研制，可以说是挑战极限，要求我们把工作做到极致。大家看到了，我们“长征七号”运载火箭捆绑了四个助推器，助推器的直径是2.25米。其中一个助推器上有一个液态氧的储箱，这个液态氧的储箱壁厚最薄的地方只有1.8毫米。铝合金制造的1.8毫米比一般的厚一点的纸厚不了多少。就是说，火箭的整个研制过程斤斤计较到这个程度，既要满足火箭在加注发射过程中的这种载荷，同时又要把它的重量做到最轻。大家知道它里面装了多少推进剂吗？液态氧 50 吨，就是说 5 万公斤的液态氧就这样装在这么一个只有 1.8 毫米厚的储箱里。我们整个火箭研制过程就是这样一直在挑战极限，一直在追求极致，这就是火箭研制人员的使命。

台上 10 分钟，台下 10 年功

这个“长征七号”火箭的研制工作是从 2006 年开始起步的，全面研制工作起步是在 2008 年，至今（2016 年）经历了 8~10 年的过程。火箭从起飞到最后入轨就 10 分钟，也就是 600 秒。但是这背后是数以千计的研制人员花费的 10 年时间。这的 10 年功夫造就了这 10 分钟 600 秒的成功。正所谓台上 10 分钟，台下 10 年功。

我们给上级机关承诺，2014 年 12 月 15 日这个火箭从天津港出发。为了做到这一点，我们天津公司总装车间的 100 多位员工，大概那三四个月每天晚上干到两三点钟以后。他们提出“12 点之前不叫加班”的口号，也就是晚上 12 点之前还在上班不叫加班。每周工作 7 天，每天实际上也就休息几个小时，第二天早上 8 点上班以后继续干。我们一天也没有拖延，12 月 15 日那天，准时把产品送到了天津港，这是相当不容易的。

2015 年年底，我们火箭进行最后一个大型试验。正常情况下

这个试验做完需要九个月到一年时间。但是我们的任务卡在这儿了，我们研制的进度卡到这儿了，因此我们试验单位在三个月的时间里，每天两班倒，一班干 12 个小时，24 小时连轴转。最后终于做到了 2016 年的 1 月 10 日，经过三个多月的时间完成了过去九个月到一年的工作量，拿到了想要的数据。我们这个试验有一个负责同志姓张，叫张永亮。这三个多月过去以后，他们的领导说，张永亮走路都有点恍惚啦，非常不容易。还有就是在研制过程中，每一个设计人员，不只是我们的领导，每个岗位的人员都承受着非常大的压力。在 2015 年的 4 月，我们在天津做火箭一级结构的联合的静载试验，第一次试验没有成功，没有达到合格载荷，这个产品就出问题了。后来我们做了改进以后，进行第二次试验。第二次做试验的时候，我们的主管设计人员心里知道这个风险，有可能做不到合格载荷。假如做不到合格载荷，这个结构就破坏了，那就需要重新改进、生产，重新再试验。这个周期最短也得一年以上，所以大家的压力非常大，不知道第二次试验能不能过。

我们那天晚上做到了 12 点以后，加载人员一级一级说，最后说加到合格载荷时，现场一片欢声。我们两位同志，一位设计的人员，一位试验的人员，两个大小伙子就在我眼前紧张地拥抱在了一起，长时间地拥抱在一起，大家都非常不容易。当时我也在现场，在没有到合格载荷之前，我的心提到了嗓子眼。确实是那样，大家心里是知道的，一旦不成功，意味着后边整个型号的研制进度会推迟多少。我们在做静载试验的时候，这个试验的设计负责人是一个小女孩，她很年轻，叫张薇。在到合格载荷之前大家都非常紧张，到了合格载荷以后大家都非常高兴。这个小女孩当时一下就哭了，眼泪汪汪地马上就哭了。大家感觉到的就是那种在自己身上的沉甸甸的责任，实际上远远不止千斤重担，而是千吨的重担，就是这种感受。

发射成功以后，我们走出了发射场，到咱们文昌海边转了转。那里正好有个小饭店，我们研制团队的同志在那个小店吃了顿饭。那个老板姓梅，梅花的梅。这个梅老板一听说我们是“长征七号”火箭研制团队的人员，他非常高兴。他给我们说，这个火箭很神奇啊！我说怎么神奇了？他说原来说的 25 日晚上 8 点发射，你们真能做到按时发射。我说这就是我们应该做的。他说这个火箭有多重啊？我说600吨。他说很神奇啊！把600吨的一个东西一下就托起来，准确地入轨，太了不得了。他说发射的那天，他的小店边上坐满了人，周围有好多人进到他那个小店里，要从海边看火箭起飞的整个过程。他店边上有两棵椰子树，挡了人们的视线，老板说他最后下决心，把两棵椰子树砍掉了，为的就是让大家能够看见火箭起飞的时刻。当火箭8点钟准时点火起飞以后，他说周围那么多的老百姓都在看火箭发射，大家都情不自禁地热烈鼓掌，好多人都在喊“中国万岁”！听梅老板说完这句话，我也非常感动。我说我们研制团队并不孤独，我们背后有一个强大的祖国，有人民在关心我们，在支持我们。所以回想起来，过去这8年大家的付出，尽管很辛苦，但是看到火箭飞行成功了，大家都觉得非常值得。

当然这一次，大家也非常关注我们火箭在研制过程中的技术进步，比如这次火箭研制全流程采用了数字化技术，从设计、生产制造、试验，整个生产过程中没有一张图纸，都是根据计算机中的三维模型进行生产制造和试验验证，这使我们国家中大型火箭的研制技术水平上了一个大的台阶，实现了与国际水平接轨。将来这可以作为我们新一代中型火箭的基本型，以这个基本型为构型，通过模块的组合可以形成新一代中型火箭的系列，满足我们国家未来一二十年，甚至更远的发射更大、更重的卫星的需要。

我们通过“长征七号”火箭的研制带出了一支年轻的队伍。在发射场的时候，我看了一下我们这个试验、研制团队的花名册，我们整个研制团队一线的人员绝大部分年龄在30~35岁。他们非常幸运，赶上了一个好的时代，有非常珍贵的机会从头到尾经历火箭研制的全流程。我是在20世纪90年代参加到航天队伍的，当时我也非常幸运地参加了载人航天“长征二号”F系列火箭的研制。新一代的航天队伍是我们培养出来的，这是我们最为宝贵的一笔财富。我相信这批团队将来可以再带领新的同志，把我们国家的航天事业提高到一个更高、更新的水平。

谢谢大家。

小撒记录

据说范总师从文昌回到北京以后，第一件事情就是剪了头发，之前整整 50 天他都没有想起来剪头发这件事，因为他太忙了。火箭发射是 6 月 25 日，在前一天晚上，到 10 点多了，他又去了一趟发射阵地，又去看看这个火箭，这是他们这么多年来的心血，像他们的一个孩子，又像是一个伙伴，他从头到尾又走了一遍，看完回到宿舍已经 12 点了。8 年，人的一生当中，8 年的时间花费在一件事情上，终于有一天它立在那儿了，要点火升空。看着自己和团队 8 年的心血带着中国航天人的梦，飞到那么高的轨道上面，那种感受我真是很难想象。今天我们非常有幸在这里听范总师把他所知道的，关于“长征七号”的故事，关于他和他的团队的故事，关于一个中国航天人的故事告诉我们。说到每一个航天人的付出，我突然想起一首歌叫《时间都去哪儿了》，如果问航天人时间都去哪儿了，他会让你抬头看，在那星空里，有中国每一个航天人付出的所有的心血、努力和他们的梦想，还有他们所有丰富的情感。

路虽远，行则将至

载人航天总体部空间站系统总设计师，杨宏

精彩语句：

我们的老总师戚发轫院士曾经跟我们说过一句话，你们要把自己当作航天员，看你们敢不敢坐你们自己设计的飞船。这就是我们的工作。

人物小传：

杨宏，中国航天科技集团五院载人航天总体部空间站系统总设计师。

他是我国载人空间飞行器技术专家和学术带头人，历任载人飞船总体室副主任、总体副主任设计师、载人飞船副总设计师、“天宫一号”总设计师、空间站系统总设计师等职务，当选航天科技集团公司学术技术带头人、国际宇航科学院（IAA）院士。

如果我们当时发现了这个问题，彻底地送失效分析检查，彻底地把原因搞清楚，我们就不会把这个隐患带到发射场；如果我们在发射场不查出来这个问题，有可能就把这个问题带到天上；如果在天上出现这样的问题，那就有可能造成船毁人亡的失败。

载人航天器的质量是靠人保出来的，所以我们应该把镜头多对准那些幕后的可敬可爱的无名英雄。

独立演讲

载人航天那些事儿

大家都知道航天是一个集体项目，是集体智慧的结晶，所以我想给大家讲讲我们神舟团队的故事，希望大家能爱听。

大家可能认为载人航天有一种神秘感，大家可能想象我们从事载人航天的工程师是不是都是一群白头发、白胡子的老头，每天在实验室里穿着白大褂干着高精尖的工作？其实我们的队伍非常年轻，我们的技术骨干的平均年龄只有 34 岁，这就是我们的团队。载人航天是一个高风

险的事业。确保航天的安全是我们的责任，载人航天器的质量就是我们的生命线。我想给大家讲一个我亲身经历的故事。

那是 2001 年，我们的“神舟三号”飞船进入酒泉卫星发射中心，组织第三次飞行试验任务。我们刚进入发射场的第三天，在例行的飞船的导通绝缘测试检查当中，发现有一个电连接器中间有一个点不通。这个电连接器是什么呢？是我们飞船从舱内到舱外信号之间传送的通道，俗称“穿墙的电连接器”。它要传送飞船的重要指令信号和能源。按理说我们还有备份的点，这一个点不通，我们通过备份点也是可以保证指令的传输的，但是强烈的质量意识要求我们必须把这个点不通的原因找出来。我们把这个电连接器拆了下来，送到了北京的元器件失效分析中心，解剖、分析，一定要查清

它的机理。结果解剖结果让我们大吃一惊：这个电连接器从结构上就存在致命的设计缺陷！那么同类型结构的电连接器在我们飞船上用了多少呢？ 77 个！如果这个电连接器重新修改设计，周期需要三个月。是我们再等三个月呢，还是带着这样的一个隐患上天？我们的工程总体运筹帷幄，不能带着这样的疑点上天，也就是说我们进入酒泉卫星发射中心的千军万马大部队，全部撤回到各自的研制单位全面开展质量整顿和复查工作。这是我们载人航天历史上的第一次大规模的撤场。这个撤场就像我们冲锋在前线的战士还没有发起最后总攻就败下阵来，这对于我们团队的打击是相当大的。

我们回到北京以后，全面开展了质量复查工作。质量复查的结果又让我们大吃一惊。这个故障现象，在半年前我们在北京的出厂测试当中就曾经出现过。当时处理这个问题的是一个年轻的设计员，他发现有一个电连接器有故障，就把它拆下来锁到柜子里又换上了一个新的，他以为他把问题解决了。如果我们当时发现了这个问题，彻底地送失效分析检查，彻底地把原因搞清楚，我们就不会把这个隐患带到发射场；如果我们在发射场不查出来这个问题，有可能就把这个问题带到天上；如果在天上出现这样的问题，那就有可能造成船毁人亡的失败。

这个教训太深刻了，我们所有的人都受到了处分。而我是受处分最严重的，扣罚百分之百的补贴，待岗学习，差一点儿就下岗了。但是我们没有处分那位年轻的设计员，为什么？因为我是他的主任设计师，我是他的领导，这个责任就应该由我来负。

有的同学跟我说过，看你们神舟飞船的发射、“天宫一号”的运行，从发射、入轨、对接、分离、返回、开伞到落地，好像是一部惊心动魄的大片。其实大家不知道，这个大片的背后是无数航天人在保驾，是无数默默无闻的航天人在奉献。我们载人航天是一个系统工程，这个系统工程就好比一个复杂庞大的机器，我们这个团队

里头每一个人有可能是一个螺丝钉，也有可能是一个齿轮，也有可能是个传送带。只有每个人的工作做好了，这个庞大的机器才能够运转正常。而我们的工作质量又好比一个木桶。大家都知道木桶原理、短板效应，木桶当中的一个短板就决定了它能够盛水多少。我作为总设计师，我的重要职责之一就是找出我们工作中的短板。我们要采取措施把风险降到一个可接受的程度，这样的话，成功才有把握。因此可以说，载人航天器的质量是靠人保出来的，所以我们应该把镜头多对准那些幕后的可敬可爱的无名英雄。

说起英雄，再跟大家聊一聊航天英雄杨利伟，这是大家都非常熟悉的我国进入太空的第一人。有一幅场景我记忆犹新。那是 2003 年 10 月 15 日上午 9 时，“神舟五号”立在酒泉卫星发射场的发射塔架上准备发射。当指挥员下达倒计时的命令，开始读秒："5、4、3、2、1，点火！"在这个时候，我们的航天员杨利伟通过镜头向我们在场的所有的人行了一个军礼。所有的指挥大厅的同志们报以热烈的掌声回敬，许多人流下了眼泪。我当时非常钦佩，在发射前我们的航天员是如此的镇定沉着。飞行成功以后，航天员杨利伟跟我谈到了他的这份自信。杨利伟跟我说，他的这份自信来自两个方面：第一，来自他平时的训练，他相信自己能够从容地应对各种故障和各种险情；第二，他充分相信我们的航天设计师，相信我们的飞船能够确保他的安全。同时，他也跟我说了一句玩笑话，就是自打他进入飞船，进入返回舱，坐在座椅上那一刻开始，我们把返回舱的舱门关上了，然后把轨道舱的舱门也关上了，他说："这个时候我不相信你们也没别的办法了。"虽然只是一句玩笑话，但是给我们的心灵带来了震撼，因为航天员把生命安全都托付给我们了，我们没有理由不做好自己的工作。我们的老总师戚发轫院士曾经跟我们说过一句话，你们要把自己当作航天员，看你们敢不敢坐你们自己设计的飞船。这就是我们的工作。

路虽远，行则将至

1992年9月，中央决策实施中国的载人航天工程，并采取"三步走"的发展战略。"三步走"的发展战略的第三步就是建造中国的空间站。大家都知道国际空间站是把我们中国排除在外的，说俗一点儿，就是不带我们玩。那怎么办？我们就自己干。自从我们宣布了中国空间站的计划以后，有趣的是，一些国外的航天机构主动找我们进行合作。更有意思的是，我们在洽谈技术标准的时候，一些国家的航天机构表示，上中国的空间站做实验那就应该按中国的标准来办，这是我们引以为豪的。而空间站的建设，大约是在 2020 年前后，我们将研制和发射一个核心舱，两个实验舱，在天上形成一个大“T”字形的结构，整个加起来是将近百吨的量级。在空间站的运行期间，我们将开展较大规模的科学实验和应用，将服务于国家战略发展的需求。据外媒报道，2024 年现有的国际空间站将退役。那个时候中国空间站有可能就是人类在太空的唯一的太空站。我们中国的航天员、科学家将在中国的空间站上开展大量的科学实验，这些科学实验将呈常态化。我们将为中国和平地利用空间、和平地开发空间资源打下坚实的基础。我们现在正走在载人航天“三步走”发展战略的征途上，我们没有理由懈怠，因为我们深知，我们距离世界航天强国的水平还有很大的差距。今后我们载人航天的脚步还会向深空迈进，困难和压力、挑战和风险都在等着我们。对此，航天人的头脑是清醒的，多干少说，只干不说，对待我们每一次的飞行任务都要如履薄冰、如临深渊。

在向宇宙探索的征程上，我们一直在路上。但是我相信，路虽远，行则将至。谢谢大家。

小撒记录

杨总在演讲的过程中，我相信他的心思一直停留在酒泉发射中心，因为那里有他和他团队的结晶，因为那里树立着即将进入太空的“天宫二号”[①]。所有年轻人，我相信在你们内心的角落里，也许都为浩瀚的宇宙留下了一些空间，但是你们可能从来没有想象过，在我们身边有这样的一些人，他们把自己全部的生命交给了这项事业，而且也许，他们干了一辈子，最后能够亲眼到太空上看一看那是什么样子的，并不是他们。

在 1984 年出版的《当代中国的航天事业》这本书里，作者说了一段话，我想在今天同样如此：中国是世界上古代火箭的发源地，中国人用我们古老的智慧，为人类文明做出过巨大的贡献，那么今天，一个日新月异、不断强大的，并且期望着去承担起国际责任的大国，更应该在宇宙空间的和平开发利用当中，承担起我们的责任，做出属于我们的贡献。

再次用掌声感谢杨总给我们带来的精彩开讲，预祝您的发射任务圆满成功。

---

① 2016 年 9 月 15 日，“天宫二号”空间实验室发射成功。——编者注

隐姓埋名 30 年，此生无悔

中国工程院院士、“中国核潜艇之父”，黄旭华

精彩语句：

虽然我母亲一直深信她的儿子是大学生，不可能忘了养育他的父母，但是 30 年一直没有回家，她难免也有怨言。我听我的妹妹讲，我母亲是一而再再而三地阅读这篇文章，是满脸泪水呀，我母亲终于自豪不已了。

人物小传：

黄旭华，中国工程院院士，中国第一代攻击型核潜艇和战略导弹核潜艇总设计师，被称为“中国核潜艇之父”。他开拓了中国核潜艇的研制领域。

92 岁的黄旭华院士是《开讲啦》开播四年以来最年长的一位开讲嘉宾。作为中国第一代攻击型核潜艇和战略导弹核潜艇总设计师，在当时技术缺乏和人才匮乏的情况下，他硬是“骑驴找马”，攻坚克难，研制出核潜艇核心技术。为了确保国家机密不被泄露，他选择隐姓埋名 30 年，为核潜艇事业无悔奉献青春。

我们手上只有算盘和计算尺，算盘加计算尺，先打起来。为了计算的结果准确可信，我们只好分两组同时进行，这两组计算的结果必须一样。如果你得 5，我得 8，不一样，那么不是你错就是我错，或者我们两个都错。怎么办？从头再来。

我们弄来了两个美国“华盛顿”号导弹核潜艇的儿童玩具模型，我们高兴极了，多次把这两个模型肢解，拆了又装，装了又拆。我们发现美国这两个模型同我们搜集到的资料基本上一样，这就大大地增加了我们的信心。

独立演讲

艰难的核潜艇研制之路

我们国家自行研制核潜艇是在一穷二白的基础上，最初是为了突破帝国主义、资本主义国家对我们的包围、封锁。为了早日掌握核潜艇的研制技术，我们国家曾经寄希望于苏联老大哥的技术援助。1959 年国庆十周年，赫鲁晓夫、苏联部长会议主席来到中国，我们国家政府再一次向他提出研制核潜艇的技术问题。赫鲁晓夫在他的回忆录上

有这样几句话：中国要研制核潜艇，简直是异想天开。他傲慢地拒绝了中国的要求，说核潜艇技术复杂、要求高、花钱多，你们中国没有水平，也没有能力来研制核潜艇。毛主席听后非常气愤，赫鲁晓夫在他的回忆录上这么讲，说毛主席愤怒地站了起来，挥动他巨大的手掌，说："你们不援助算了，我们自己干！"至此，我们寄希望于苏联老大哥援助的梦想完全破灭。同年 10 月底，在同周总理、聂荣臻、罗瑞卿等研究发展尖端武器的时候，毛主席就发出了誓言："核潜艇一万年也要搞出来！"就是这句话坚定了我和我的同志们献身核潜艇事业的人生走向。

我从小的志愿是学医，想当一名好医生，继承我的父母的意愿——治病救人。我小学毕业的时候，正好“七七事变”爆发，沿海城市的学校大多被迫停办了，为了求得一个比较能够安下心来读书的地方，我和我的同学们不顾交通的困难，徒步走了四天的山路，脚都起了血泡。哪知道日本鬼子的轰炸更是频繁，每一次警报一响，我和我的同学都得被逃难的人潮裹挟着往城外的山洞里面跑。如果警报不解除，我们就得在山洞里面挨饿整整一天。一股非常屈辱的怒火在我身上燃烧起来，我想为什么日本鬼子敢这么猖狂，想登陆就登陆，想轰炸就轰炸？为什么我们中国老百姓不能生活在自己的土地上，却要四处逃难、妻离子散？为什么我们中国这么大的土地，我却连一块可以安下心来读书的地方都没有？什么道理！

其实我知道，这正是因为中国太弱了，弱国就要受人家的欺凌，受人家的宰割。那我该怎么办？我不学医了，我要学航空、学造船，将来我要制造飞机，保卫我们国家的蓝天；我要制造军舰，抵御外国从海上进来侵略。我生长在海边，对海有更深刻的情结，同时为了抵御帝国主义的海上侵袭，权衡之下，我进了上海交大造船系。1958 年，国防科委刚刚组建，聂荣臻元帅就向中央呈报了关于开展研制导弹核潜艇的请示报告，首批只有 29 个人，平均年龄不到 30 岁，挑起了我们国家核潜艇的开拓任务。我有幸是 29 个人当中的一个，从那个时候开始一直到现在，我都没有离开过核潜艇的研制领域。

进了研制领域之后，我们面临的困难不仅仅是国家的科学技术水平和工业生产能力低弱的问题，对于我们来说更大的困难在于我们没有这方面的人才，一个也没有。我们缺乏这方面的专业知识，我们手上没有任何可以参考的技术资料。我们开始很简单地设想，核潜艇大概就是常规动力潜艇加上一个反应堆就是了，其实完全不然。怎么办？我们考虑来、考虑去，决定从调查研究入手，在浩瀚无边的报纸杂志里面寻找世界保密控制很严的核潜艇资料，简直是

大海捞针。我们把零零碎碎的资料经过分析、整理，汇总成为美国核潜艇的总体布局。但是这个东西到底有多少分量可以确信，我们心中无底。正好在这个时候，我们弄来了两个美国“华盛顿”号导弹核潜艇的儿童玩具模型，我们高兴极了，多次把这两个模型肢解，拆了又装，装了又拆。我们发现美国这两个模型同我们搜集到的资料基本上一样，这就大大地增加了我们的信心。没有条件，或者条件不具备，怎么办？我们的办法叫作“骑驴找马”。驴没有马跑得快，但是没有马只有驴，那你只能骑驴上路，边走边找，边走边创造条件。如果连驴也没有，那就迈开双腿也得上路，绝不等待。

以计算手段来说，那个时候哪像今天啊，别说一秒钟计算多少亿次的计算机，我们手上只有算盘和计算尺，算盘加计算尺，先打起来。为了计算的结果准确可信，我们只好分两组同时进行，这两组计算的结果必须一样。如果你得 5，我得 8，不一样，那么不是你错就是我错，或者我们两个都错。怎么办？从头再来。一直要算到两个组的最后结果一样，我们才相信你这个计算是准确了。我们的同志硬是咬紧牙关，没有怨言。

你们大概也晓得，船的重量和重心是确保船建成后的不沉性和稳定性的关键。为了确保在生产建造当中它的重量、重心严格地控制在我们手中，我们的土办法就是在船台入口的地方放一个磅秤，凡是拿进船台的，不管是什么都一一过秤，登记在案。施工过程当中那些边角余料，那些多余的管道电缆，凡是拿出船台的，也都一一登记。几年来，我们天天这样，我们的同志称之为“斤斤计较”。

新型号的潜水艇在研制最后阶段，交付海军使用之前，都必须进行极限深度的深潜试验。深潜试验是一个风险性很大、考验性很强的试验。一张扑克牌大小的面积要承受一吨多的海水压力，任何一条焊缝、一条管道、一个阀门，承受不起海水压力，都会造成艇废人亡的后果。美国有一艘王牌核潜艇，叫作“长尾鲨”号，1963

年在做一次深潜试验的时候，还不到200米就沉没海底了，160个官兵没有一个人生还。试乘人员担心我们会像美国那样一去不复返，思想波动较大，有个别人给家里写了信，说要出去执行任务，万一回不来，有这样那样未了的事情，请家里代为料理，其实就是遗书。我们的设计留有足够的安全系数，实验过程中我们规定的程序是一个深度、一个深度慢慢下降。10米、5米、2米，然后是1米1米地往下探，绝不蛮干，因此安全是有保证的。

既有充分的信心，同时我也十分担心，担心是不是还有什么是超出我的知识范围的，有没有我还没有认识到的潜在危险。我们没有经验，那么怎么办？我说我跟你们一道下去！我下去，不仅可以稳定人心、鼓舞士气，而更重要的是在整个深潜过程当中，如果出现了一些不正常的现象，我可以协助艇上及时采取措施，避免恶性事故的扩大。我是总师，我不仅要为这条艇负责，更重要的是要为艇上170个试乘人员的生命安全负责。当这个深度仪的指针指向了极限深度的时候，艇长说了，各个岗位严格地把你们周边的情况好好检查一下。在没有问题的情况下，我们艇开始上浮了，一直上浮到100米这个安全深度时，全艇突然间骚动起来，跳跃、握手、拥抱，有些同志都哭了，大家非常激动。艇上的快报要我提几个字，我又不是诗人，我不会写诗，但是现场的情况激动得我灵感一来，我拿起笔写了几个字：“华夏之翁，志探龙宫。惊涛骇浪，乐在其中。”

我们把“自力更生、艰苦奋斗、无私奉献、大力协同”四句话16个字归纳为核潜艇精神，就是这四句话激励着我们核潜艇阵线广大员工知难而进、奋勇拼搏。

此生无悔

大家都清楚，世界上的高新尖端技术，尤其是核潜艇技术，都被列为国家最高级别的机密。我们刚刚参加工作的时候，领导再三向我们强调一定要确保国家的机密，不容许泄露你们的工作单位，要隐姓埋名、默默无闻，当无名英雄。而且进了这个领域，就得准备干一辈子。如果你犯了错误怎么办？犯了错误也不能走，可以在里面打扫卫生。1958年，我从上海上调北京，走前领导只告诉我：你出差北京，帮助工作。我行李也没有带，一到北京，就被留住了。我的父母多次写信问我：你在北京哪一个单位？你到北京去干什么工作？我一直闭口不答复。慢慢地，我同他们的关系淡化了。1987年，上海《文汇月刊》有一篇题目为《赫赫而无名的人生》的长篇报告文学，比较详细地介绍了中国核潜艇总设计师的人生经历。我把这份报告文学寄给我的母亲。这篇文章永远只提“黄总设计师”，没有具体的名字，但是它提了黄总设计师的夫人李世英的名字。我母亲一看，文章里面所描述的黄总设计师，就是30年没有回过老家而被弟妹们误解为不要家、忘记了养育他的父母的不孝的三儿子——我在家排行老三。虽然我母亲一直深信她的儿子是大学生，不可能忘了养育他的父母，但是30年一直没有回家，她难免也有怨言。我听我的妹妹讲，我母亲一而再再而三地阅读这篇文章，是满脸泪水呀，我母亲终于自豪不已了。她在痛心之余也自豪，她把我的弟弟妹妹们，还有她的子孙们召集过来，只说了一句话："你们三哥的事情，大家要理解，要谅解。"知儿莫若母，母亲这句话传到我的耳朵，我哭了。有人问忠孝不能双全，你是怎么样理解的？我说对国家的忠，就是对父母最大的孝。

我们核潜艇阵线广大员工呕心沥血、淡泊名利、隐姓埋名，他们奉献了一生最宝贵的年华，还奉献了终生。如果要问他们这一生有何感想，他们会自豪地说：我这一生没有虚度。再问他们对此生有何评述，那他们会说：我们是中华民族的儿女，此生属于祖国、属于事业、属于核潜艇，此生无怨无悔！

小撒记录

今天我们国家的核潜艇，乃至我们国家的国防力量，已经和当年不可同日而语了。作为见证人，作为一个引领者，黄老今天和我们分享了国家从一穷二白、落后挨打的时期走到现在的艰难历程。“将来我要制造飞机，保卫我们国家的蓝天；我要制造军舰，抵御外国从海上进来侵略”“此生属于核潜艇，此生无怨无悔”等话语打动了我，我相信大家都深受震撼。做这个节目四年，今天这场开讲，也许是我听过的最震撼人心、最让人心情无法平复的一场演讲。想想黄老他们当年，为了祖国的事业，30 年不能回家，而且父母怎么问都不能告诉他们自己在哪儿，在干什么。他们这一代人为了祖国的国防，为了我们今天能够享有安宁、和平，真的是付出了太多的代价。大家都爱说“脊梁式的人物”，之前我一直没能深深体会，现在我终于感受到了，黄老他们就是我们中国的脊梁，是让我们国家得以勇往直前的中国力量！

坚定是一种力量

中国反导任务靶场试验系统副总设计师，陈德明

精彩语句：

“你所做的每一件事情都是在书写自己的履历”，这是我在一本书上看到的。我想，与其在戈壁滩抱怨、等待 8 年，不如实实在在地干上 8 年。如果你长时间地付出你的时间、你的精力、你的心力，那么你一定会产生一种不容置疑的热爱和感情。

人物小传：

陈德明，中国反导任务靶场试验系统副总设计师、导弹试验专家。

他参与执行数百发导弹武器飞行试验任务，牵头完成“动能反导靶场试验技术”等10多个重大项目，为加快我军新型作战力量建设、提升我军新质作战能力[①]做出了重大贡献。

---

① 新质作战能力指基于信息化系统的体系作战能力，是集综合感知、实时指控、精准打击、全维防护、聚焦保障为一体的信息化条件下战斗力的基本形态。——编者注

当我看到拦截弹直接击毁靶弹，在西北的夜空产生的那个巨大的火球照亮整个天空的时候，情不自禁地用力挥动了紧握的右拳，然后下意识地起立鼓掌。我在为这个任务的圆满成功而鼓掌，为任务全线所有人员的汗水和智慧鼓掌，也在为我们基地辛勤的付出和其中经历的艰辛鼓掌，同时也为我自己的团队所研制的科技成果在这个任务中取得了超出预期的效果鼓掌。

对外人来说，可能靶场导弹试验基地显得很神秘，但是对基地的工作人员来说，它基本上就是不停地重复，一个型号接着一个型号、一次任务接着一次任务，重复、烦琐、平淡如水。在重复中，我们要怀有改进之心；在平淡中，要怀有探究之心。这种探索和改进的激情就会让我们这种重复、平淡的生活生动起来，也会让我们天天提的创新过程自然起来。

独立演讲

第一次站在这样的讲台上，说实在话我心中非常忐忑。2010年1月11日和2013年1月27日，我们国家两次进行中段反导的拦截试验，在反导任务的实施过程中，我除了协助我们基地首长进行技术协调以外，还具体负责目标探测与识别系统和快速分析评估系统这两个具体的方

向。那么在靶弹升空以后，目标的识别信息、定轨信息、预报信息时刻都在敲击着我的神经，因为这些信息可以直接影响这次任务的成败。美国曾因为这些信息不准而出现靶弹已经飞过了拦截弹还没有起飞、靶弹飞过拦截弹起飞打不上的情况，所以刚开始我非常紧张。当我看到拦截弹直接击毁靶弹，在西北的夜空产生的那个巨大的火球照亮整个天空的时候，情不自禁地用力挥动了紧握的右拳，然后下意识地起立鼓掌。我在为这个任务的圆满成功而鼓掌，为任务全线所有人员的汗水和智慧鼓掌，也在为我们基地辛勤的付出和其中经历的艰辛鼓掌，同时也为我自己的团队所研制的科技成果在这个任务中取得了超出预期的效果鼓掌。

坚定是一种力量

导弹试验其实是一项风险非常高的试验，有很多棘手的难题会和你不期而遇。在21世纪初一个仲夏，我们的一个新型的战略导弹飞行试验失利，它的弹头解体了，远远地偏离了我们预定的那个落区。很多相关单位的专家也算了几十个可能的落点和搜索范围，我们基地每天都组织官兵进行拉网式的搜索。七八月份的戈壁滩，地表温度是60多摄氏度，60多摄氏度是什么概念？一个鸡蛋放在那儿，可能都能熟。一天下来，搜索的战士们嘴上、脚上全是泡，走路都跟机器人一样，木呆呆的了。就这样搜索了两个多月，毫无收获，搜索陷入僵局。这个时候基地其实是希望停止搜索，但是军委的领导专门指示，不管是3个月还是5个月，必须不惜一切代价找到弹头。在这种情况下，我可以说是比较主动地领受了这个任务，要求我在7天之内给出一个可信的搜索区域。当时已经有很多行业内的很有名的专家，他们能够想到的、能够做到的各种各样的办法都已经试了，但是没有解决问题。那么到了我这儿，我要是

还用这些东西，一样也不会有结果。那么我唯一依靠的就是创新。当时我组建了一个团队，大概是 4 个人，建立了一套特殊的动力学模型和一个全新的估算方法。大概有 4 天，然后把算的结果复核，我们最终给出来一个结果——一个核心搜索区域，有 15 平方公里。前面专家们给的搜索区是多大呢？大概是 10000 平方公里。当时还有个笑话，我们的一个首长说，如果在你给的范围内找到了，给你记大功。我就随口应了一句，我说，如果找不到是没好好找，我自己带人去找。结果就在那个范围内找到了。后续很多的类似情况，甚至更特殊的一些任务，我都非常好地完成了，都归功于这段研究打下的坚实基础。

另外，在我们的工作中还经常有一些司空见惯、大家习以为常的问题。在我们以前的导弹试验中，每次试验都做一个特别烦的事儿，就是导弹飞上去以后它自己有一个时间的零点，我们地面的测量系统，比如说雷达、光学这些也有个零点。这两个零点应该是对在一起的，我们看电视里的“5、4、3、2、1，点火！”就应该是从那儿开始，但实际上它是做不到的。这两个零点的差对我们导弹设计精度的分析评估会产生直接影响。比如说战略导弹，速度为6公里每秒，如果你这个零点差1毫秒，那是多少？6米！差了1秒钟可能就差了6公里，那肯定不行。所以在精度飞行和评估的时候，这个误差是不允许的，你一定要把它搞得很准。那么基地每次都测，测起来非常复杂，关键是又测不准，拿到那个结果每次用的时候又不好用，争吵不断。

直到有一天，靶场的专家杜之明将军突然提出来，我们可以利用导弹自己的导航数据和我们靶场的雷达数据，两个数据求解的话可以把这个时间差求出来，这个工作不要做了。当时我就在旁边，一项一直困扰着我们很多专业方向的技术员的难题，竟然用一个机理并不复杂甚至非常简单的方法就解决了。

对外人来说，可能靶场导弹试验基地显得很神秘，但是对基地的工作人员来说，它基本上就是不停地重复，一个型号接着一个型号,一次任务接着一次任务，重复、烦琐、平淡如水。在重复中，我们要怀有改进之心；在平淡中，要怀有探究之心。这种探索和改进的激情就会让我们这种重复、平淡的生活生动起来，也会让我们天天提的创新过程自然起来。

你所做的每一件事都是书写自己的履历

我是1990年毕业于国防科技大学自动控制系航天动力学与飞行试验专业，那一年国防科大要求所有的学员，除了保送上研究生的以外，都必须参加分配，并且保送上研的那部分学生也要在部队先锻炼一年再继续读研究生。在这种情况下，我经过慎重考虑自愿选择去了基地，也做了充分的思想准备。但是真正到了基地以后还是很出乎我的意料。我是湖南人，一直到大学毕业都在湖南待着，所以一到基地看到满眼都是荒凉的戈壁滩，再看看还有零星的骆驼刺，然后那个营房又破又旧。到了单位以后，看到一个技术室60多个人共用一台很老旧的、我从来都没有见过的计算机。我想这样的地方能干出个什么东西呢?

可能单位的领导看出了我们的心事，把我们带到发射场，带到烈士陵园，在高耸的塔架下和英雄的墓碑前，给我们讲了很多基地人艰苦创业的故事。为了早日实现“两弹一星”，老一辈创业者在弱水河畔扎营房，天当帐篷地当床，三块石头架口锅，野菜盐巴当干粮，硬是在缺设备、缺技术、缺人才，外国人认为根本不可能搞科研的条件下，靠着自己的一颗红心和两只手，打出了一系列的“争气弹”“争气星”，挺起了中华民族的脊梁。

先辈们“国家高于一切、使命重于生命”的价值追求深深地打动了我。“你所做的每一件事情都是在书写自己的履历”，这是我在一本书上看到的。我想，与其在戈壁滩抱怨、等待 8 年，不如实实在在地干上 8 年。如果你长时间地付出你的时间、你的精力、你的心力，那么你一定会产生一种不容置疑的热爱和感情。8 年过去了，甚至几个 8 年也过去了，我还在基地，还在从事同样的事业。

谢谢大家。

小撒记录

世界风云变幻，但是为什么我们能够享有这样的安宁，我想是因为有很多的力量在维系着一片国土的安全，这些力量当中最重要的一点，是我们的国防力量。陈德明先生就是国防人中的一个代表，为了反导事业，他在戈壁滩上坚守了一个又一个 8 年。当他讲那个立军令状的故事时，我都替他捏一把汗，那么多人都找不到，我问他为什么就敢立军令状，他说，他那个时候真的没想过，但后来意识到自己也是有底气的，有可能找得出来。凭什么有底气呢？他告诉我，他曾经对导弹的各种飞行模态做过接近 1000 万次的仿真计算！所以，军人的军令状不是盲目的，敢立军令状的背后，是两年的时间和上千万次的计算，经验的积累让他有这样的底气。我问他，你在那边工作了一个 8 年又一个 8 年，在这期间你就没有想过换一个工作单位或者去一个更好的城市吗？他直截了当地告诉我：领导让他在那里待着，那他就在那里待着。这里没有心灵鸡汤，但我知道支撑在背后的是一份责任、一个梦想。陈德明先生只是一个代表，在他的背后还有千千万万和他一样为了我们的和平安宁做着努力和奉献的人。所以我们不仅要感谢我们的开讲者，更要感谢我们所有的国防人，他们是我们真正的中国脊梁，是我们勇往直前的中国力量！感谢！

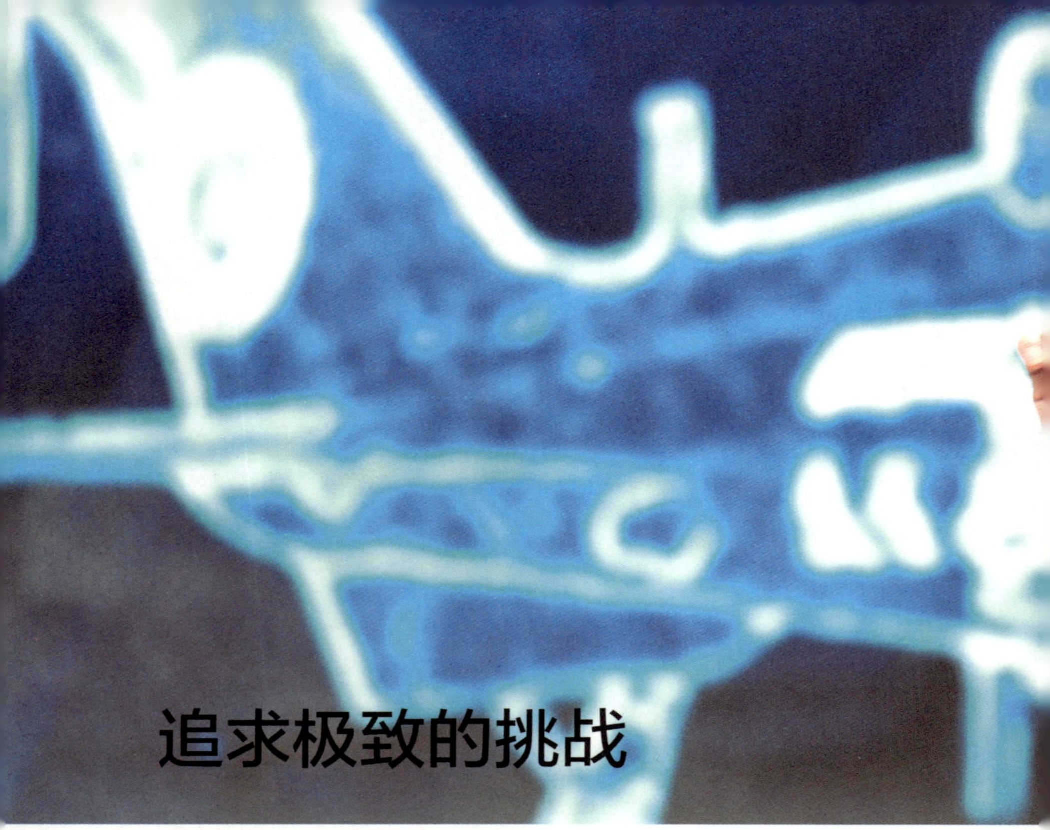

追求极致的挑战

中航工业旋翼飞行器首席设计专家，吴希明

精彩语句：

20 世纪 90 年代初的海湾战争，直升机对地作战完全就是一种屠杀。曾经出现过一架直升机打掉地上 23 辆坦克的情况，它彻底改变了陆军作战的模式。

人物小传：

吴希明，中航工业旋翼飞行器首席设计专家，直-10、直-19武装直升机总设计师。

他独立完成的计算机辅助设计系统，首次应用于某型号的数字化全机理论外形设计，填补了我国直升机领域的CAD/CAM空白。

他带领同事一起开创了中国直升机研制“探索一代、预研一代、设计一代、生产一代”多型号并驾齐驱的新局面，为实现中国直升机由仿制到自主研发的飞跃做出了突出贡献。

他为直-10武装直升机的研制做出的杰出贡献，使我国直升机整体研发能力向前推进了20年。

这个产品出了问题之后，我们中方说，不行，你干不了，我们自己干吧。我们就把它全改了，改了之后，后续就飞得非常好，说明我们这个产品达到了国际最先进水平，我们能做到，我们中国人自己现在也能设计这种产品。

做事要紧张，要充满激情，做装备要朝着最高目标去做。另外还有一条，做事还要有韧性，要有持续性。

十几年下来，人家常问，你累不累？你烦不烦？我就说，累肯定有点儿累，但是不觉得烦躁，不觉得厌烦。我干的事是我喜欢的，我觉得这是我应该干的事情，而且我很乐意干。

独立演讲

紧张是我惯有的心态

谢谢小撒（撒贝宁），他这样把我引导以后，我放松了很多，但我还是挺紧张的。这个紧张并不是害怕，而是我一直都有的心态，就是说做什么事都要尽力去做好。我在工作中也是这种心态，也是很紧张的心态，但并不是因为害怕而紧张。

为什么紧张？因为我干的这个事业是直升机。20 世纪 90 年代初的海湾战争，直升机对地作战完全就是一种屠杀。曾经出现过一架直升机打掉地上 23 辆坦克的情况，它彻底改变了陆军作战的模式。所以当时对我们国家来说是很震撼的，也希望我们国家能达到那个水平。直–10 研制之前，我们直升机行业就没有什么很像样的型号，所以我们国家对直–10 的研制工作寄予了很大的期望。

直升机很复杂，很多部件都要做大量的试验。简单地说，直升机整个零部件合起来有10000多个，我们用到的直升机的材料，有金属材料、非金属材料、复合材料等20多种主要材料，还有500多种小材料，是一个非常复杂的工程。研制过程中，我们要做大量的试验，有时要做几百次试验。在地面所有的设计工作不验证到位，在空中出了故障就是机毁人亡，所以我们的直升机科研工作者是非常紧张的。

直–10研制过程中曾经出过一次重大的事故，飞机摔下来了，摔在稻田里。当时我赶过去了，到了现场就一屁股坐到飞机旁边的稻田里，哆哆嗦嗦地到处找烟抽。当时出事故的时候是在2000米左右的高度，飞行员反应非常准确，一感觉不对马上就请求采用紧急迫降，直接就停到稻田里面去了，下来一看数据，他那个动作做得漂亮极了。飞行员的每一个操作只要稍微错一点，直升机就不是停到地面而是在空中就解体了，而且即使飞行员动作没有任何错误，而是再晚十几秒，我们算了一下，就十几秒飞机也要在空中解体。所以这个飞行员真的太棒了，他的心理素质也很好。摔下来之后，他直接爬下来围着飞机转一圈，看没问题就坐在稻田边等我，我来了后他笑嘻嘻地跟我说这个飞的过程中是怎么回事。真的，我们国家的军人，确实是没话说！后来这个飞行员身体就受不了了，大量的各种训练，各种武器、各种边系的扩展都是超负荷的飞行，我们在定型之前他就停飞了，转业了。定型的时候，我们整个研制

团队特意把他请回来，他很开心，我看到他也很开心。定型庆功宴上我刚讲了两三句话，大家就起哄了，说请这位飞行员上来。他上来的时候我俩就很高兴地拥抱，本来想表示一下高兴之情，结果两个人抱在一起还没有表示高兴就哭了起来，我们两个人互相哭诉某个型号飞机研制工作的酸甜苦辣，我不知道大家会不会有感受，酸甜苦辣真的很多，但是回想起来都是很开心的事情。实话说我很感谢这个飞行员，飞机摔下来之后虽然坏了个别部件，但所有数据都有，为后面的设计工作提供了非常好的改进基础。

当时研制的时候有一些关键部位我们是找国际合作的。摔坏的那个尾减速器，我们当时是请了世界上最大的直升机公司——欧洲的一家公司帮我们联合研制的。那次摔飞机就是它设计的这个部件出了问题，好在我们直升机行业虽然提出一个超出自己能力、国家需要的产品的目标，但是我们在研制中也强调我们除了出产品，还要出直升机的研发能力，出直升机的研发队伍。所以对外合作的时候，我们把对方的设计方法同步进行掌握。这个产品出了问题之后，我们中方说，不行，你干不了，我们自己干吧。我们就把它全改了，改了之后，后续就飞得非常好，说明我们这个产品达到了国际最先进水平，我们能做到，我们中国人自己现在也能设计这种产品。

追求极致的挑战

做事要紧张，要充满激情，做装备要朝着最高目标去做。另外还有一条，做事还要有韧性，要有持续性。在直升机研制之前，我们的技术水平是很弱的。产品做出来了，用户一飞就很不满意，老说这个设计不好、那个不好用。确实，无论是我们设计师还是用户都没有飞过直升机，我们就很揪心，很想说把这个东西全部改回来，改到让自己满意。但是国家当时急需这个飞机，说你赶紧干出来吧。所以，我们前面一直没这个机会，在直–10 的整个研制过程中，我们的动力装置曾经用的是国外的发动机，我们同时也在研制国内的发动机，这样也是为了加快整个型号的研制工作。

当我们快成功的时候，国际上就把这个发动机给卡了，实际上它早就知道我们在用这个发动机，它故意不说。它也希望我们干得很顺利，我们国家自己的东西就别干了，当你干到差不多要用的时候，它又不给你了。还好，我们自己的发动机很争气也干得很好，马上也可以顶上。但有一个过渡期，大概有半年多到一年的时间。正好飞机要停下调整，我们就把原来不满意的地方、设计上还不成熟的地方全部重做，推倒重来。我们甚至可以造出一个更好的东西，前面没有经验，就一直干到现在。

这么几年大家把设计技术全提升了，这样就把直–10 整个重干了一遍。可以说直–10 虽然是一个型号，但实际上是干了两个型号。我们常把这当笑话说，说我们很感谢国外这种卡我们发动机的做法，但这件事说明，要做好一个产品、一个装备，必须要有持续改进的心态，必须要对用户负责，做东西要精益求精全力以赴。哪怕交给用户之后，我们还在全力以赴地改，必须有这种心态才能做更好的产品。我们现在的飞机在部队用得非常好，大家飞得很开心。我们直–10 交付使用之后，在发射飞行员都没打过弹的情况下，第一次试弹靶每一发都命中，21 发全命中。那种心情真是不可言喻的，特别激动。我们很高兴能为我们国家提供这么好的装备，真的非常开心。

常有人问我，我们研制直–10 的时候干了将近 20 年，这么难，这么没有基础，为什么能干下来？我们全力以赴，10000 多个零件、

200 多场试验、500 多个材料、150 多家单位、几万人连续干了十几年。十几年下来，人家常问，你累不累？你烦不烦？我就说，累肯定有点儿累，但是不觉得烦躁，不觉得厌烦。我干的事是我喜欢的，我觉得这是我应该干的事情,而且我很乐意干。我们常说小米加步枪打赢了飞机大炮，也很钦佩老一辈革命家的大无畏的革命精神和他们卓越的军事才能，在那种条件下能打赢一场战争，然后建立我们中华人民共和国。现在还有一种说法，就是有什么武器我就打什么仗；也有一种说法说，我要打什么仗，你必须给我配好什么武器。但是我想，如果说我们能为国家提供更好的装备，提供世界一流的装备，我们的指挥员、作战人员就能取得更大的胜利，让我们国防能做得更强大，让我们国家的国民能够更自豪，那么我会更开心的。

谢谢大家。

小撒记录

吴先生在演讲的开始就说“紧张是我一直都有的心态”，但是恰恰相反，他给我感受最深的一点是整个演讲过程中他都是很轻松的，经常笑。而且他用了一句话：“我们现在的飞机在部队用得非常好，大家飞得很开心。”我相信这份“轻松”和“开心”是来之不易的。大家应该都还记得2015年9月3日那天的“九三”大阅兵，我们看到了太多震撼的画面。其中有一个画面我相信大家都还记忆犹新，就是庞大的直升机群的画面。当时直升机群在天空中摆出了“7”和“0”的造型，然后轰鸣地飞过天安门广场。这也是近几年来，在全世界范围内都很少见的如此庞大的直升机群。我们很庆幸能有这样的国之利器，同时我们也为成功研制这些国之利器的人自豪，他们就是吴先生这样默默无闻的，同时在享受工作的人。他们的努力让我们这些普通人能够感受到和平的美好，所以再一次感谢我们的设计师和我们的飞行员，还有每一个流程上、每一个环节上的那些不可或缺的了不起的平凡人，再次感谢他们，也谢谢吴先生的开讲。

鲲鹏展翅的背后

中航工业“鲲鹏”运-20总设计师，唐长红

精彩语句：

如果连自己亲手画出来的图都觉得震撼，那是缺乏自信，或者说缺乏一种感性认识。如果你看过更大的天，看过更大的山，这个东西就不算大。

人物小传：

唐长红，中国工程院院士，飞机设计专家，新型“飞豹”“歼轰 7A”总设计师，“鲲鹏”运-20 总设计师。

他担纲设计的具有完全自主知识产权的新“飞豹”飞机，被誉为“最好用的飞机”，填补了我国对海、对地精确打击装备空档，是我国空、海军通用的进攻型主战机种。

2000 年 9 月 26 日，唐长红和他的技术团队首次运用最新版的CATIA V5 软件，设计出国内第一架全机电子样机，在国内第一次实现了飞机研制三维设计和电子预装配，从传统设计一步跨越到国际水平。

他担纲设计的运-20 大型运输机大胆应用新技术，在飞机数字化协同设计和试制等方面取得了突出成绩。

可能大家想象不到，那么大的飞机的机翼里边是一个油箱，这个油箱是用很多铆钉和螺栓连接起来的。每一个螺钉、每一个螺栓都不能漏油，这不是一件容易的事。

我觉得有心就有幸运，这飞机名字叫“大运”，我们叫“干大运行大运”。我有运气拥有这么一个团队，我们上上下下都一条心想把它干起来。

独立演讲

大家好，非常高兴与大家分享“鲲鹏”运–20大型运输飞机的一些故事。我们不仅是做一架飞机，更重要的是它标志着我们国力的提升，标志着我们国防能力的提升，标志着我们科学技术水平的进步，所以大家才为之震撼。如果从需求的角度上来说，这种飞机的需求非常迫切，是几代人的梦想。在我们还没有大型运输飞机的时候，确切地说我们是买不来的，我们买的也仅仅是别人的二手货。大家想一想，谁愿意给你做上好的武器然后和他来对抗？谁愿意把值钱的东西给你，让你来赚钱？所以习近平总书记讲了一句话，核心技术靠化缘是得不到的，一定需要自力更生。这架飞机可以说是一种自力更生的代表。

我想跟大家讲的是“大运”（指运–20）背后的一些故事，比方说我们的团队被信任的过程。

从被震撼到被信任

从信心上面来说我们在长进，从信任的角度上来说也在长进。在此之前我们没有研制过这么大的飞机，所以每次的论证过程中，我们是否具备那样的能力就成为第一大问题。一开始，我们做了一个“大运”的机头样机，仅仅做了个机头而已，但是大家要知道这个机头是很大的。大家想象一下，我们进了大厅，进了房子，就像这个房子的高度。所以等到这个做出来了以后，有很多人用了一个词去描述，叫震撼。设计员觉得震撼，有一些领导也觉得震撼。领

导们觉得震撼，看来我们具有这样的能力，我支持他。设计员觉得震撼，我们就感觉非常遗憾。如果连自己亲手画出来的图都觉得震撼，那是缺乏自信，或者说缺乏一种感性认识。如果你看过更大的天，看过更大的山，这个东西就不算大。

但是话又说回来，他的胆量和他的能力也在这个过程中得到了提升。等到整个样机都做出来的时候大家都觉得震撼，这个震撼和以前的震撼就完全不同了，这是在信任基础上的提升。首先大家对这个团队是信任的，这么多系统，这么复杂的东西，这么大个的东西我们都能做出来，我们能加工出来，证明我们有这样的单位，我们有这样的材料。我们知道了在什么地方还需要再做，我们会做得更好，我们找到了差距。我们的团队也在这个过程中增强了自信，壮大了自信心。

关于飞机首飞，大家都知道这么大的飞机首飞是一种什么样的概念，是要把一堆用金属堆起来的东西推上天。首先是一个重量问题，它得飘在空中，重了就飞不上去了，重了就飘不了了。所以对飞机来说，一克重量一克金。有很多的飞机设计单位提出的口号就是为一克黄金而努力，为一克重量而努力。飞机上的结构，不是说我要把它做得多强。飞机的结构设计师、强度设计师们是要做到让它断它就断，让它不断它就不断，得做到这一点才是合格的设计师。如果不断，你就背了很多的重量。如果你背一个人的重量你就少载一个人，如果你背一个箱子的重量你就少载一个箱子，所以我们在为每一克而努力。

飞机是一个时代技术的产物，一架飞机做出来，等到真正要使用的时候，可能七八年、十几年以后进入部队，那么它所使用的技术中，有信手拈来的技术，也有通过努力可以攻克的关。还有你要想到三五年甚至十年以后可能要发展的一种技术，我们叫“够着一下”，可以够到这么一种技术，如果不是这样，到那个时候你就落后了。

可能大家想象不到，那么大的飞机的机翼里边是一个油箱，这个油箱是用很多铆钉和螺栓连接起来的。每一个螺钉、每一个螺栓都不能漏油，这不是一件容易的事。你要知道由于热胀冷缩，早上生产的东西的长短和下午的都不一样，更别说你这制孔了。所以需要有技术进步。这一次“大运”的研制不光采用了数字化的设计，而且采用了数字化的装备、数字化的预装备，以及数字化的检验技术。这么一些东西都提出来，我们就必须攻克很多难关。我们大大小小的攻关项目大概有 400 多项，各个系统做了很多的工作。那么飞机推出来以后能不能飞，还不是纯粹的技术的问题。于是我们和飞行员一块儿研究，我们要构造一次高难度的动作：飘滑。

如果这个飞机连续在跑道上飘起来，那也就等于这个飞机要完成一次起飞同时完成一次降落。飞行员需要把 47 个动作同时完成，而且要保证在几秒钟内完成。我们的主飞行员认为我们的飞机从他掌握的情况来看具有这样的能力，所以决定和我们设计师一块儿完成这么一项动作。飞机的首飞是 2013 年的元月 26 日，实际上在 25 日的时候飞机已经离地了。当很多人看到这么一个庞然大物飘然而起的时候，大家都用了一个词，叫“飘然腾飞”。飘然而起的时候觉得它如此轻盈，我们当即决定明天首飞。那也就是说，我们以实际的行动，设计师以他被飞行员的信任，飞行员以他自己被信任的能力，让所有的人都相信这个飞机能飞起来。

上下齐心，其利断金

我觉得有心就有幸运，这飞机名字叫“大运”，我们叫“干大运行大运”。我有运气拥有这么一个团队，我们上上下下都一条心想把它干起来。当时我们想让这架飞机 5 年首飞，8 年多交付部队，最终我们做到了。但是为了做到它，大家都付出了很多。

飞机首飞以前，材料出了一些小问题。在试验的过程中装飞机起落架的几个大接头的试验没有做过，我们需要在很短的时间里把这些接头全部更换，但是大家知道飞机已经基本装好了，这会儿人要站到那旮旯拐角里边去把它分解下来，这些连油都不漏的连接它好分解吗？非常困难。有一天晚上我去看，一位老工人刚刚从机舱里面出来，满身大汗，脑袋冒着热气。看我过来了他就说："唐总你是不是不放心，还是怕进度赶不上？"真的问得我无话可说，我说我非常内疚，我没把它搞好，让你们返工，一下翻腾这么大。他反过来拍着我的肩膀安慰我："干这么大的事哪能不出现一些小差错呢？没啥没啥！"这会儿我才看到他的手，老工人的手起泡了。大家知道老工人的手是什么样的手？一个匠人的手是什么样的手？一双整天在干这活的手磨破了，那这个事儿一定是非常难做的。真的难为他了。我鼻子酸了，我说我没做好。结果没想到他讲了更让人感动的一句话："唐总，没什么，干事就得付出血汗。我就出了两身汗，翻腾了这么一回，这桩事还不知道在你们的心里翻腾了多少回。你们翻腾的是心血，我这会儿翻腾的是身上的汗。只要咱飞机能飞起来，只要咱把工作做好了，你放心，这点儿事我们能办到。"这一群人都傻吗？在中国有这么大一个傻的群体？其实不是，是有这么一群愿意为国家做出贡献的人，有这么一群有梦想的人。

我们每一个人都会做一个让国家强盛的梦，只有这些人合成一股力量的时候才可以排山倒海。做一个飞机，有成千上万人参与。在飞机首飞前的一天，我突然发现在我们的生活区里多了很多老人。什么样的人？年轻人的父母。有一天我听到两个人的对话，我觉得真的心酸。老人说："不知道孩子在干啥，很忙，回来了以后连饭都不能好好地吃那么一口。"另外一位似乎了解一些情况："他们干的是大事，这人生能够给国家干这么一件大事不容易。他们干的是天大的事，咱值得，值得过来给孩子帮忙。"听得我心里既酸楚又高兴。这不是一代人的情怀，这是几代人的情怀，这是几代人的梦想。

问问我们的父母，问问我们的孩子们，谁不希望我们国家有更大更强的飞机？谁不希望我们国家更强盛？

经过"大运"以后，现在有很多人都在问一句话："你们为什么不干更大的飞机？"真的，我相信我的设计师团队，凡是干过这个飞机的都希望下次干个比它大得多的飞机。这不再像当年那样只是一种期望和梦想，而是我们真的具备了这方面的见识和潜在能力。所以我真心希望我们在航空技术方面能够进一步蓬勃发展，能够做更大的事。蓝天永远是属于全人类的，永远是属于未来的。

谢谢大家。

小撒记录

唐院士在他40岁的时候，就成了国内知名的飞机设计师。前不久，他设计的运-20更是成了“网红”，被网友们亲切地称为“胖妞”。他说他喜欢“胖妞”这个名字，因为在他看来，胖是一种体量，一种健壮，胖是对这种飞机美的一种评价。今天听了唐院士的演讲，我们才知道“胖妞”的背后有这么多不为人知的故事。以前我们觉得这么大的家伙多个一两斤又有什么区别？但是他这儿是在一克一克地往下抠，这种精益求精的精神震撼了我。

唐院士说，最先进的武器装备是买不来的，没有人愿意去给你造一个枪，让你来打他。所以，对他，这个已经走过了近10年设计历程的设计师来说，最希望的就是能有比他更年轻的人去接起这样的事，将来做更大的飞机。看着运-20我还想到“鲲鹏”，庄子的《逍遥游》说，鲲之大，不知其几千里也。我想也许这是一种预言，也许几千年后我们老祖先的传说会在一代又一代的设计师的努力下变成现实。让我们共同期待着，未来在祖国的蓝天上翱翔着更多我们优秀的设计团队带来的了不起的航空作品。来吧，放飞我们所有人心中的梦想！

挺起民族脊梁

“空警 2000”总设计师，陆军

精彩语句：

2009 年我们的预警机飞越了天安门广场，我们感到无比自豪、无比骄傲，因为中国有自己的预警机了。那一天飞过天安门广场的时候我跟我的团队说，这架预警机不是飞过去的，“是在座的同志们用双手把它托过去的”。

人物小传：

陆军，中国电子科技集团公司首席科学家，空警 2000 预警指挥机总设计师。

2000 年 7 月，某国在西方国家的重压下单方面撕毁了与我国共同研制预警机的合同。时任国家军委主席的江泽民同志做出了“研制部门一定要争口气，否则总是要被人卡脖子”的重要批示，在这种情况下，负责总体布局工作的王小谟院士将设计空警 2000 的任务以不容回绝的方式委派给了陆军。

2007 年，空警 2000 最终完成设计定型并交付部队，陆军及其团队仅仅用了 5 多年的时间就完成了西方国家用十几年才达成的目标，为增强我国的国防力量做出巨大贡献。

有的时候大家会说“空警一号”失败了，我说没有失败，它代表着中华民族不屈不挠的精神。在艰难困苦的情况下，我们认准了目标，发扬了愚公移山精神，我们要往前走。

我们做出的空警2000有9个第一。这说明在你有创新意识的情况下，即使你落后一点儿，但是只要你规划好了，你是可以弯道超车的，你是可以跑到世界第一这个水平的。

独立演讲

预警机的由来

我想今天还是让大家通过预警机来认识一下我们军工战线这么多年奋斗的一种精神。我们都知道伟大祖国有960万平方公里的国土，但是随着国家的发展，我们发现我们实际上从来没有结束过别人对我们的封锁，特别是海面上的封锁。我们怎么办？

在没有预警机之前，我们是靠我们国土防空保卫着960万平方公里的国土。我想先回顾一下20世纪50年代。其实那时的国民党曾经入侵了我们几百次，真正被发现的

可能不到 10%，真正打下来的飞机就几架。这也是我们要发展“两弹一星”的原因。但是当时有了导弹也不好打，为什么？因为我们看不见，我们都是地面雷达。这就使得我们国家三军将士觉得我们必须拥有预警机。预警机是什么东西？什么时候有的？有一个比较典型的战例，就是 1982 年的“叙以之战”。

在“叙以之战”之前，叙利亚买了苏联人的导弹，很厉害。那么怎么对付它呢？以色列就用的预警机。在一天之内达到了什么效果呢？把贝卡谷的 19 个导弹营全部打掉。同时空战 82:0，一天之内叙利亚损失了 82 架战斗机，而以方 1 架战斗机都没损失。这个结果在 1982 年的时候引起了全世界的关注，空军力量有了预警机之后确实是不可同日而语，甚至有颠覆性的变化。那么回过头来我要讲，我军将士（20 世纪）50 年代就认识到这一点，我们即使有了导弹，即使有了很强大的战机，假如没有预警机，行不行？答案是不行的。所以现在有一句话，叫一个国家现代空军的标志就是看预警机。

我们 20 世纪 60 年代时国力很弱，那时候勒紧裤腰带我们也要搞“两弹一星”，勒紧裤腰带我们也要搞预警机。咱们可以看一下我们的“空警一号”预警机。

由于资金不够，我们需要把一个地面雷达背到飞机上面。因为国家那时候百废待兴，主要投入的战略目标就是“两弹一星”，所以我们航空业有一段时间没有很好地发展。谁知道 1949 年我们全国有多少工程师？比较权威的一个统计是全国有 13000 名工程师，战略方向主要是“两弹一星”。那么大家知道不知道现在我们国家有多少工程师？ 2014 年是 4200 万，相信现在超过 4200 万了。我欢迎在座的同学加入工程师的行列，我们一同来建设美好的中国，也建设美好的世界。

“空警一号”预警机

这个故事继续往下讲。在那样的情况下，我们还是希望能把预警机搞起来。即使我似乎能力还不够，但我已经开始行动了，这代表着一种决心。所以有的时候大家会说“空警一号”失败了，我说没有失败，它代表着中华民族不屈不挠的精神。在艰难困苦的情况下，我们认准了目标，发扬了愚公移山精神，我们要往前走。到了改革开放之后，我们国家的条件有所改善，但在军事压力上面我们从来没有改善。因为台湾说美国已经把预警机卖给它了，这对我们空军的压力是非常大的。

所以 80 年代的时候，在我们国家改革开放的情况下，我们要搞预警机。想购买（预警机），人家说不，其他东西都可以看，预警机不给看，看都不给看，说这个是一种相当于核武器的战略武器。我们想合作，后来总算找到了一家跟我们关系比较好的，但最后的结果估计大家都知道，到2000年的时候，对方撕毁了合同。好在我们军工战线从搞“两弹一星”以来就有一种精神，就是自力更生的精神。

造中国的“争气机”

我们这样的一个大国，不靠自己的力量是不行的，对外合作失败催生中国“争气机”，工业部门一定要争口气，否则总是要被人卡脖子的，我们必须要争一口气。那么这口气争到了没有？2009年我们的预警机飞越了天安门广场，我们感到无比自豪、无比骄傲，因为中国有自己的预警机了。那一天飞过天安门广场的时候我跟我的团队说，这架预警机不是飞过去的，“是在座的同志们用双手把它托过去的”。1999年国庆阅兵的时候，我们飞的是轰炸机，轰炸机代表着机械化战争。那么到2009年国庆60周年大阅兵的，所有的领导都说:“首飞飞机一定是空警2000预警机。预警机是信息化战争的标志。”空警2000做出来后美国人也给评价了，美国的智库机构詹姆斯敦基金会说,我们的空警2000和空警200这样的预警机领先美国整整一代。我们很自豪，因为到现在为止，全世界预警机上相控阵雷达我们还是最好的。

当时选总师的时候，其实我是半路出家，我是一个雷达总师。听到撕毁合同的消息，我当时确实是肺都要气炸了，因为我觉得我们这么一个大国，怎么这么受人欺负，我们自己要争口气。不久，我们王小谟院士找我谈话："陆军你要来干预警机了。"我吓一跳，预警机长成啥样子我肯定知道，但是预警机怎么干，我根本就不懂。但是王小谟院士和党组给了我决心和信心，他们说不是你一个人干，我们还是有积累的。

我来的时候一看，是，是有一些积累，但是离干预警机还差得很远。我们要改造的这架伊尔–76，连图纸都没有，所以我们跟航空的同志们真正是从零开始做这件事。那么比较难的，就是怎么把这么多系统放到一起。大家可能知道，现在坐飞机，起飞前会叫大家都要把手机关掉，以免影响无线电。而现在我们要把几百套不同的系统放到一架飞机上来，特别难。在这个过程当中我们还是被卡脖子的。你比方说我们要电磁隔离的滤波器，国内买不到，自己又做不出来，只能到世界上去买，对方说没有100万元人民币不行。我们做元器件的同志们就站出来说，我们来干，最后干出来了，20万元就够了。

最终我们做出的空警2000有9个第一。这说明在你有创新意识的情况下，即使你落后一点儿，但是只要你规划好了，你是可以弯道超车的，你是可以跑到世界第一这个水平的。我刚来的时候我们基础差，但是在做空警2000的时候，我们还是走了三步。大家可以看到，我们硬是在第二年就把空警200立项了。因为我们总是担忧，担忧被人家卡脖子，所以我们把空警200立起来。但立起来之后，大家知道我们的人员本来就捉襟见肘，现在又分了一半人出去。那么现在看对不对啊？绝对是对的，因为到了2007年的时候，俄罗斯不给我们伊尔–76，这就是幸亏我们看得远。但这还不够，我们跟王小谟院士在一起的时候又商量，背衡木前后有盲区，所以我们又下定决心：这个飞机上必须要背上圆盘，让它360度都看得到！

但是你们也知道，国家那时候支撑我们两个型号的钱就已经不够了。这时候我们怎么办呢？正好2004年我们听说我们的铁哥们儿巴基斯坦也想要预警机，我们当场一弄，出来一个十几页的东西，推出去了。他们很感兴趣：好，我们要。但是提出来必须先看到，不见兔子不撒鹰。我立马跟航空工业商量，我们自筹资金买了一架飞机，很快在一年之内把它改成预警机了。

他们（巴基斯坦）总统访问中国的时候一看，确实有预警机。他回去叫军方快签合同，军方说不行，他们要求我们必须把预警机飞到他们那儿去。我带队去的，我记得非常清楚，第一个架次飞什么？我们一共有10个科目。我告诉对方最难的就是预警机看山里面的飞机。巴基斯坦方面的人就说，陆先生你带着预警机几点几分在哪个区域里面飞，我们的战斗机什么时候起飞不告诉你。等飞完了他们告诉我还飞了其他飞机。其他方向几个飞机我们那天都看得很好，我记得非常高兴的一件事就是飞下来之后，巴基斯坦人就冲我们竖大拇指。

现在国际上有好多发展中国家都希望买中国的预警机。我们中国预警机最主要的是实现了一个家族，而且这个家族会人丁兴旺，更好地发展。我们有一个叫“7–11”工作制，一周工作7天，一天工作11个小时，其实就是指的365天。

我们有不怕苦的精神。沙漠里面那么高的温度下我们不怕；到了冬天的时候零下20摄氏度我们不怕；我们在飞行过程当中噪声非常大，就像拖拉机一样，我们也不怕。我们这支队伍确实是铁打的队伍。大家飞下来的第一件事不是去休息，而是拎着数据就到办公室。有的时候我说：“明天再弄吧。”不行，今天得弄完，否则一定不行！我们这10年当中就是靠着这么一种精神。

在我们研制的过程当中，也有很多挫折与失败。我最怀念的是2006年牺牲的40位烈士，我们非常的悲痛。这里面有个故事我也跟大家说说。不幸发生后，最难面对的是烈士家属，我们固然为牺牲的同志们难过，但是我们觉得更对不起活着的同志们，因为我没有看护好这些年轻的同志。我们有一个烈士家属住在偏僻的山区，详细地址也没有，我们去找，找到他们偏僻的山区要去通知他们这件事。当地派出所的同志们派了车跟我们去，见到了烈士的母亲。那母亲仅仅说了一个要求，什么要求呢？就是说能不能请乡里给一个证明，因为她看到那么多警车——小村庄基本上不会来警车——她说给我一个证明，我的孩子是为国家牺牲的，不是出了什么事。今年是他们牺牲的十周年，十周年我们又到了广德，就是他们飞机出事的地方。2016年我去了，我写了一首题为《无尽哀思滚滚来》的诗：

十载六三日，祭奠在广德。青山埋忠骨，翠竹寄哀思。奋斗为强国，牺牲铸辉煌。空警巡海疆，民族挺脊梁。

我们现在生活在一个非常好的时代，不要问国家为你做了什么，而要问你为国家做了什么。我想代表我们整个团队向全世界说，我们要做世界上最好的预警机。

谢谢。

小撒记录

“如果说轰炸机代表着机械化战争，那么预警机就代表着信息化战争……预警机是现代战争不可或缺的‘空中帅府’，叙利亚就是因为没有预警机跟以色列打了一仗，0 ： 82 完败，所以说预警机重要，没有这个东西不行。”从陆总师的言辞之间我们就能感受到预警机对一个国家的重要性，但是就是如此重要的一个武器，我们中国一直被国外进行着技术封锁。一开始我们想买国外的但是人家不卖，后来我们好不容易跟人家谈成合作，结果人家又撕毁合同。用当时还在干雷达的陆总师的话说，他当时是“肺都要气炸了”。就在这时，“中国预警机之父”王小谟院士选中 38 岁的陆军作为空警 2000 的总师，他们刻苦钻研，最终做出了具备 9 个“第一”的空警 2000。

陆总师还反复强调一点，目前他们做的叫预警机，实际上他们在做一个庞大的信息系统，一个完整的预警机体系不止包括预警机。单独的预警机是没有作战能力的，它必须跟无人机、智能化的装备组成网络，各方面装备跟预警机结成一体，从而形成一个更好的防御和进攻系统。

他们这一代人，起早贪黑为的是能追赶和世界先进国家的差距，但这也许不是一两代人能够完成的事情，尽管今天我们生在和平年代，享受着祖国的强大和生活的幸福，但是这不是我们停下来享受的理由，我们还在路上，我们还在继续努力当中。逆水行舟用力撑，一篙松劲退千寻，希望我们共勉。

十年磨一“箭”

“长征五号”系列运载火箭总设计师，李东

精彩语句：

想要拥有更好的性能，势必伴随无数难题。上帝是公平的，他给了你最高的性能，也给了你一大堆难以解决的技术难题。

人物小传：

李东，“长征五号”系列运载火箭总设计师。

他组织研究并形成我国新一代火箭的发展思路，明确了技术途径和研制准则。组织型号队伍开展研制工程，在我国火箭发展史上首次遇到的多项重大技术难题的攻关中，创造性地提出了全新方案和新的技术，全面突破了以12项重大关键技术为代表的240余项关键技术。

他历任总体部副主任、型号副总师、副总指挥等职务，是国防科技工业局科学技术委员会成员，国防科技工业“511人才工程”学术技术带头人。

我们曾经错过大海，不想再错过太空。

每个人都有最初的梦想，有的人坚持下来了，有的人中途改变了，但是不管你选择了什么，年轻的朋友们，我希望你们能够守得住初心，耐得住寂寞，不要让这个世界的浮华干扰了你的视野，不要因为短期内没有得到回报就沮丧或者放弃，不要急功近利。因为这个世界上有很多伟大的事业是需要你花很长时间去努力、去追求的。

独立演讲

我的航天梦

1970 年，中国人第一次发射人造卫星。那一年我 3 岁，正值一个爱问问题的年纪。3 岁时的“为什么”问出了我的航天梦。

每当我的父亲被我没完没了的“为什么”问得哭笑不得的时候，他就会说，这有什么为什么呢，火箭都发射啦，卫星都上天啦。所以在我那会儿的记忆里边，发射卫星、发射火箭是这个世界上最神秘、最牛的一件事情，这

个想法就像一个种子一样埋在了我的心底。

等到我高中毕业的时候，为高考填什么志愿犯了愁。有一天，我在图书馆里看到一本《人民画报》，上面有一幅“长征三号”的照片，小时候那个想法突然就像一颗种子苏醒了一样，我就想如果我不去学航空航天，不去从事这个职业，我可能这一生都没有机会去接触一枚真正的运载火箭，所以一瞬间，我就知道志愿怎么报了：北京航空航天大学、西北工业大学、南京航空航天大学，而且还豪气万丈地填了一项，不服从调剂。就这样，我在北航的五系读了四年本科，然后又去西北工业大学上了一年研究生基础课，之后就来到我现在工作的这个单位——中国运载火箭技术研究院，工作了整整 25 年，这 25 年里有 13 年都是在做“长征五号”，可以说我这前半生，就只干了这一件事情。

有人问我，中国为什么要搞“长征五号”大火箭？为什么要搞航天？昨天（指录制前一天），我在网上看了一篇文章，刘亚洲上将写道：太空是如今这个世界里边，所有国家和军队最后的希望，失去了太空，将会失去未来。我觉得将军说得非常好，在当今这个世界，中国这样一个大国，如果没有独立自主地进入空间的能力，就好像大航海的时代我们不能造船一样，就像当年闭关锁国的大清王朝错过大海一样，我们将会错过太空。

我们曾经错过大海，不想再错过太空，所以发展“长征五号”只有一个目的，就是要大幅度地提高中国人进入空间的能力，这个火箭的特点就是要突出一个“大”字：大的发动机、大的结构、大的电器系统、大的地面支持系统。我们发动机的单台推力达到了 120 吨，是中国火箭里边发动机推力最大的，它采用的是高压补燃技术，它的泵后压力最高达到 50 个兆帕，我们周利民副院长说得很形象，说它可以把黄浦江的水直接打到青藏高原上去。“长征五号”的芯级采用大的氢氧发动机，液态的氢和液态的氧是人类现在已知的能量水平最高的火箭推进剂。

想要拥有更好的性能，势必伴随无数的难题。上帝是公平的，

他给了你最高的性能，也给了你一大堆难以解决的技术难题。我们这个发动机在启动的那一瞬间，有的部件的温度要在不到 1 秒钟的时间内，从零下 253 摄氏度，急剧跳升到零上 3000 摄氏度，涡轮泵的转速要从 0 迅速加速到好几万转，氢氧发动机号称是“火箭发动机皇冠上的明珠”，全世界只有少数几个航天大国能够掌握这个技术。我们的发射平台大概有两个篮球场那么大，自重 2000 多吨，高度 70 多米，在火箭发射的时候它要承受每秒钟 3.5 吨的高温燃气的冲刷，燃气的温度总共会达到 3000 摄氏度，速度每秒钟 4000 多米，那是真正的烈火焚身啊！这样的发射平台，又非常精密，它可以以 3%毫米的精度去调节我们的支撑腿的高度，在发射时候，承受着巨大的力学环境、噪声震动，它的噪声水平会达到 164 分贝，

164 分贝是 100 分贝能量值的 251 万倍。在我们的这个发射台内部，偏偏又是精密的电子设备，是我们的配气供电的设备，外面这么严酷的环境，发射台内部必须保证一个非常好的力学环境条件，所以这样一个 2000 吨重的庞然大物，外面是钢筋铁骨，里边是柔情似水。它还能够行走，还能够这么精密，所以你看了我们的发射平台就不用再去看变形金刚了。

大的发动机、大的结构、更大规模的电气系统、更大规模的地面发射支持系统，这一切大都为了一个目的，就是大的运载能力，因为火箭的能力有多大，航天的舞台就有多大。“长征五号”火箭的研制成功，使中国人一步迈进了世界大火箭国家的俱乐部。

十年铸箭

2006 年的 10 月，“长征五号”工程正式立项，我们也开始了艰苦卓绝的十年铸箭历程。在中国新一代运载火箭里边，“长征五号”是第一个立项，却是最后一个首飞的，就因为它的研制难度太大。第一个难就是新技术比例太高：这个火箭 95%的技术都是全新的，完全突破了国际上一个新火箭新技术比例不能超过 30%的惯例；第二个难就难在它的研制工作量巨大：在研制初期我们测算过，这个火箭的研制工作量相当于一般火箭的 3.5 倍，但是到了研制后期，我们再审视的时候发现，当时估计保守了，可能相当于 4~5 倍。面对 4~5 倍的研制工作量，可是国家没有给我们 4~5 倍的研制周期，没有配备 4~5 倍的人力资源，除了采取一些新的设计手段、设计方法之外，全靠我们这支队伍夙兴夜寐，这么多年，只争朝夕去拼搏，去努力。

我们研制团队的平均年龄只有 35 岁，我们首发试验队的平均年龄只有 30.5 岁。在我们总体设计部有一个年轻的空气动力学专家，叫苏虹，2012 年的 5 月 20 日，一个大型试验成功之后，我说我请大家吃个饭吧。在饭桌上大家都说这一年最开心的事是什么，苏虹说，我这一年最开心的事，就是终于把自己嫁出去了。这下我们才知道，原来她为了这个型号几次推迟婚期，第二天就要举办婚礼了，亲友都请好了，单位通知出差，她二话不说拎着包就走。那天在饭桌上苏虹哭了，我问她你这么难，为什么不告诉我们啊？她说型号任务这么急迫，这么紧张，我怎么能因为个人的事情耽误工作呢。

在我们天津火箭公司总装车间，有一名叫崔鑫的年轻工人，有一年春节，单位说任务紧，我们只能给大家放两天假。总装车间有个说法，晚上 12 点之前都不叫加班。那么厂领导知道以后说，这不行，大家一年这么辛苦，你就狠狠心，给大家放三天，规定正月初四早上必须赶回车间。这个崔鑫为了能够准时赶到车间，大年初二就出发，结果那天天降暴雪，高速封路，火车停运，他是怎么回到岗位上的？他选择走回来！从山西忻州走回来，一路上有老乡的拖拉机，他就搭一段，有别人的摩托车他就搭一段，什么都没有的情况下，他就选择走，他愣是在正月初四凌晨 4 点钟顶着漫天的飞雪走回了总装车间。

谁说我们的“80 后”“90 后”是独生子女，吃不了苦，没有担当呀？你看看我们航天的这些年轻人，我想火箭起飞时，熊熊的烈焰就是对他们的辛苦付出最好的致敬。其实每个人都有最初的梦想，有的人坚持下来了，有的人中途改变了，但是不管你选择了什么，年轻的朋友们，我希望你们能够守得住初心，耐得住寂寞，不要让这个世界的浮华干扰了你的视野，不要因为短期内没有得到回报就沮丧或者放弃，不要急功近利。因为这个世界上有很多伟大的事业是需要你花很长时间去努力、去追求的，就像我们“长征五号”这支研制队伍里的年轻人，他们花整整十年时间，只做一件事情。我想有一则广告说得非常好：每一个普通人或大或小的贡献，成就了这个国家的梦想。我想你们也是一样，你们每天点滴的努力，也一定会成就你们各自精彩的人生，我看到现场这么多年轻的面孔，就像看到清晨绚烂的朝霞一样，少年强则中国强，中国未来的希望在你们的身上，我祝福你们。

小撒记录

“哺育”火箭十年，就像喂养自己的孩子。但是它的归宿，最终还是浩瀚的太空。它没有消失，而是把一个民族的脚步、几千年的梦想的脚步带到了太空，而且更重要的是那个火箭，现在就在我们下一代的手里，不会消失。它会记录在一个国家的航天史册上，而且一代一代传承下去。当我们在谈论航天人的种种艰辛和不易的时候，都会觉得他们离我们很遥远。然而当你真正进入这个圈子，你会发现其实他们和我们一样，都是普普通通的人。但是他们也有不普通之处，那就是他们平时的付出，以及最后那一刹那，给一个国家和民族增添的那双翅膀。在今天这样一个选择这么多、这么开放和包容的社会，年轻人面对如此多的机会，可以闯荡天涯的时候，你们有没有想过，无论你走到世界哪一个地方，背后是什么力量在支撑你？一位观众给出了他心里的答案：我们之所以敢去浪迹天涯，是因为国家有你们在朝九晚五。

“长征五号”发射前的 163 分钟

“长征五号”首飞任务 01 指挥员，胡旭东

精彩语句：

我们发射场有 21 个系统，分布在火箭测试、加注、发射的过程中，协调这 21 个系统有条不紊地把工作做完，就是我的工作，我就是一个管家和导演的角色。

人物小传：

胡旭东，“长征五号”火箭首飞任务01指挥员。

01指挥员，是航天发射的大脑，是火箭发射任务技术上、指挥上的NO.1，是火箭能否“顺利发射、准时发射、安全发射、成功发射、圆满发射”得以实现的关键。作为“长征五号”首飞任务01指挥员，他也是目前我国火箭发射最年轻的01指挥员，被称为神箭的“掌舵者”。

在判断最后一个重要的参数合格之后，我跟我的老师异口同声地说了一句话：这下没问题了。但是万万没想到，刚进射前负1分钟，控制系统就来消息了："01请求中止发射！"这应该是中国航天有史以来第一次，在程序进入射前负1分钟的时候又中止了程序。

我们的岗务人员冒着生命危险，徒手将泄漏的地方结成的冰碴给去除掉，然后摘掉了防冻手套，赤手把泄漏的地方封堵住，火箭转为安全状态。可以说我们中国文昌航天发射场的人用"九死一生"诠释了什么叫作使命和担当。

独立演讲

我来自中国文昌航天发射场，我是这一次"长征五号"运载火箭首次发射的01指挥员，刚才咱们在大屏幕上看到的倒数"3、2、1，点火！"的那个人就是我（现场开场前播放了"长征五号"发射视频）。我在上电视之后，很多朋友问我到底是干什么的，怎么说呢，我们发射场有21个系统，分布在火箭测试、加注、发射的过程中，协调这21个系统有条不紊地把工作做完，就是我的工作，我就是一个管家和导演的角色。

“长征五号”升空一波三折

相信很多观众在电视上看到了“长征五号”运载火箭首次发射那天的实况直播，不知道除了咱们视频上播出来的那些，朋友们还想不想知道背后的其他的故事？（观众：想！）谢谢，就算大家不想，我也想说一说。

11 月 3 日上午 10 点多，“长征五号”运载火箭已经完成了液氧的加注工作，但是我们在测试发射大厅得到了一个震惊的消息：助推器的排气管路出现了泄漏。当时我的第一反应就是想到了 2016 年 9 月美国太空探索技术公司（SpaceX）“猎鹰 9”火箭，当时它也

是完成了液氧加注，在做相关测试的时候发生了爆炸。当时我很紧张，我们的情况比较类似，很可能存在这样一个相同的安全风险。

我们安排了岗务人员去检查火箭，他们冒着非常大的风险进入火箭，去看火箭到底怎么了。所幸的是，会议讨论的结果，以及现场检查的结果出来之后，火箭是安全的。我们的发射窗口是当天下午的 6 点钟，为了处理这件事情，消耗了一点儿时间。

我们的发射窗口向后调整了 1 个小时，我们瞄准的是晚上 7 点 01 分发射，刚才发生的这件事应该算是一个小小的插曲，真正的“精彩”还在后面，时间来到了射前负 3 小时。

大家知道，咱们“长征五号”运载火箭被很多人称为“冰箭”。为什么这样说？因为我们的火箭使用的是液氢、液氧这种低温推进剂，特别是液氧可以达到零下 200 多摄氏度，如果想让火箭正常点火起飞，就必须提前把火箭的发动机的温度降下来。

但是悲剧的是，在我们给火箭“退烧”的过程中，温度下不来。如果在晚上 7 点 30 分之前没有办法把这个问题处理好，那么我们的发射就只能终止，数千人两个多月的辛勤劳动就会付诸东流。在晚上 7 点 28 分，我们的岗务人员冒着生命危险，返回已经加注好了的火箭周围，调整好了火箭的参数之后，火箭“退烧”了。

处理这个故障消耗了我们很多时间，发射窗口不得不瞄准晚上 8 点 40 分。我们知道给汽车加油时要用到油枪，那么我们火箭也有类似的装置，我们叫作连接器，在射前的负 3 分钟，连接器脱落口令已经发出去了，但是有一个连接器脱落好的信号没有收到。

当时已经负 3 分钟了，时间不等人，怎么办？我们临时决定再试一次，不幸的是没有起到任何效果，这种状态是不能发射的，就像油枪挂在汽车上，那么车肯定不能开动啊，当时我看了一眼我旁边的工作人员，他也是一脸无奈的表情看着我，我给了他一个坚定的表情示意他再试一次。非常幸运，随着一阵冰碴飞起来，连接器晃晃悠悠地从火箭上掉下来了，“油枪”拔出来了！我们离发射成功又近了一步。刚才说了晚上 8 点 40 分是我们发射窗口的最后时刻，刚才处理这件事情又耽误了 1 分钟，那么后面的时间就不够了，最早也要到晚上 8 点 41 分才能发射，怎么办？这时候卫星设计方站出来了，他们又给我们提供了 20 分钟的时间，也就是说当天晚上在 9 点钟之前点火发射都是可以的。这都是为了满足卫星的窗口要求，为的是让卫星准确地入轨。好了，至此一切问题都解决了。

倒计时来到了射前负 1 分，在这之前，在判断最后一个重要的参数合格之后，我跟我的老师异口同声地说了一句话：这下没问题了。但是万万没想到，刚进射前负 1 分钟，控制系统就来消息了：“01 请求中止发射！”这应该是中国航天有史以来第一次，在程序进入射前负 1 分钟的时候又中止了程序，就像刚才咱们节目开始之前，这个现场倒数喊了好几次，当时我也是差点绊了一个大跟头。经过短暂的十几秒的故障排查与分析，故障消失了，我们的程序正常了，重新倒数“10、9、8、7……”刚才也说了，我数到 7 的时候嗓音破了，确实绷不住了，当时感觉空气都要凝固了，脑子里一片空白，说不紧张绝对是骗人的，确实绷不住了。这一次倒数没有人再拦着我了，我终于松了一口气，又可以继续发射了，我们再一次向成功前进了一步。

研发过程“九死一生”

谢谢大家的掌声，演讲确实不是我的特长，演讲比搞航天难多了。我继续讲。火箭起飞之后，现场的欢呼声、掌声，还有哭声连成一片。真的是不太容易了，为什么大家会这样强烈地表达自己的情感，因为“长征五号”运载火箭，从测试到发射都特别不容易，每走一步都特别艰难。据统计，像“长征五号”这种大型运载火箭，首飞的成功率只有 51%，但是我们做到了，我们中国文昌航天发射场人做到了。除了大家从电视上看到的射前的紧张工作之外，其实我们一直在准备。这次首次飞行之前，我们进行了两次合练任务，为这次首飞做了坚实的打基础的工作。

说一个小故事吧，在 2015 年进行“长征五号”运载火箭合练的时候，液氢加注完后发生了一件非常危险的事情，当时是火箭氢箱的相关管路出现了泄漏。大家知道液氢非常危险，一不小心就会发生燃烧和爆炸，一根针从一米高的地方下落产生的能量就足以引燃氢气和液氢。当时泄漏的地方浓烟滚滚，氢气夹杂着白雾，从泄漏的地方喷射而出，我们的岗务人员冒着生命危险徒手将泄漏的地方结成的冰碴给去除掉，然后摘掉了防冻手套，赤手把泄漏的地方封堵住，火箭转为安全状态。可以说我们中国文昌航天发射场的人用“九死一生”诠释了什么叫作使命和担当，这些都是“85 后”“90 后”做出的英雄事迹。我在一些弹幕网站上回顾当时一些发射的情况，很多网友说，咱们发射场的这些工程师好年轻啊！

没错，我们的人员都非常年轻，我们测试发射的主力都是一些“80后”和“90后”，咱们的年轻人可能在工作、学习、生活中也碰到过看起来根本无法解决的难题，但是我觉得办法总比困难多，只要你有心，就可以解决这个困难。“干惊天动地事，做隐姓埋名人”是我们航天人的真实写照。

谢谢大家！

小撒记录

从预定发射时间18：00，因故障频出延迟到20：40，但在发射前负1分钟，01指挥员接收到中国航天有史以来最意外的指令：“中止发射!”在迅速排查分析后，倒计时重置。发射前的任务合练险遭爆炸，临近发射火箭的“加油枪”不能自动脱落……这个应用了240项以上新技术的“长征五号”的发射成功真的充满了太多的反转，以至在当天晚上20：43，当“长征五号”火箭顺利升空，完成所有预定动作后，发射现场欢呼声、掌声、哭声连成一片。我们的胡指挥员当时在现场，就像一个交响乐的总指挥，他心里对每一行谱子、每一个音符、哪一个乐器在哪儿，什么时间发出这个音符，一个音符跟另一个能不能合得上，节奏准不准全得心里有数。今天我们用一个小小的片断还原了那个举世瞩目的时刻的一个瞬间。我们知道，我们的航天人所经历的一切还远远不止这些。感谢胡指挥员与我们分享航天人背后的故事，谢谢！今天（录制当天）还是个特别的日子，胡指挥员的生日刚过两天，让我们一起祝他生日快乐，并把祝福献给我们正值60岁生日的中国航天事业！谢谢！

中国劲酒

VOICE
SIASUN